"十三五"国家重点出版物出版规划项目

航空器飞行理论与实践丛书

航空动力装置结构与系统

Structure and System of Aircraft Power Plant

王东亮 主　编

胡伟　马杨超　李佳　副主编

国防工业出版社

·北京·

内 容 简 介

本书系统介绍了常用航空动力装置燃气涡轮发动机和航空活塞发动机的基本组成、工作原理、类型和特点；重点介绍了航空燃气涡轮发动机、航空活塞发动机的结构与工作系统；最后介绍了应用最广泛的航空活塞发动机、航空涡桨发动机以及航空涡轴发动机的工作性能，并对航空活塞发动机与通用航空涡轴发动机的性能差异进行了分析和总结。

本书作为航空动力装置方面的专业著作，可作为飞行人员和从事航空发动机维修保障工作的机务人员的技术参考书，也可作为航空飞行技术专业和航空发动机专业教师、学生的参考书。

图书在版编目(CIP)数据

航空动力装置结构与系统/王东亮主编. —北京：
国防工业出版社,2022.3
（航空器飞行理论与实践丛书）
ISBN 978-7-118-12248-0

Ⅰ.①航… Ⅱ.①王… Ⅲ.①航空发动机 Ⅳ.
①V23

中国版本图书馆 CIP 数据核字(2022)第 026399 号

※

国防工业出版社出版发行
（北京市海淀区紫竹院南路 23 号　邮政编码 100048）
天津嘉恒印务有限公司
新华书店经售

*

开本 710×1000　1/16　印张 13¼　字数 235 千字
2022 年 3 月第 1 版第 1 次印刷　印数 1—2000 册　定价 88.00 元

(本书如有印装错误,我社负责调换)

国防书店：(010)88540777　　书店传真：(010)88540776
发行业务：(010)88540717　　发行传真：(010)88540762

前言

随着我国低空空域管理改革的推进,通用航空将在社会发展和经济建设中发挥越来越重要的作用。本书对航空动力装置的结构与系统以及工作性能进行了全面阐述。本书着重阐明航空动力装置的基本概念和基本结构,并结合其飞行使用状态进行描述,力求简洁明了,实用性强。

本书首先介绍了常用航空动力装置燃气涡轮发动机和航空活塞发动机的基本组成、基本工作原理、基本类型和特点,然后分三章分别介绍了燃气涡轮发动机的结构、燃气涡轮发动机的工作系统以及航空活塞发动机的结构与系统。本书最后一章从通用航空的角度,对航空燃气涡轮发动机和航空活塞发动机的工作性能及性能差异进行了阐述和分析。

本书共 5 章,主要包括航空动力装置概述、燃气涡轮发动机结构、燃气涡轮发动机工作系统、航空活塞发动机结构与系统、航空动力装置的工作性能等内容。第 1 章由王东亮撰写,第 2 章和第 3 章由马杨超和李佳共同撰写,第 4 章和第 5 章由胡伟和王东亮共同撰写。全书由王东亮进行统稿,周永清参与了本书的图、表制作工作。

在本书的编写过程中,得到了陆军航空兵学院航空机械工程系和直升机教研室的大力支持和帮助;在本书的出版过程中,国防工业出版社编辑对本书进行了仔细审校,并提出了许多修改意见。在此一并表示衷心感谢!

鉴于作者水平有限,书中难免存在不妥之处,敬请广大读者批评指正。

编者
2021 年 11 月

目录

第1章 航空动力装置概述 ... 1

1.1 航空发动机的分类 ... 2
- 1.1.1 火箭发动机 ... 3
- 1.1.2 冲压喷气发动机 ... 3
- 1.1.3 航空活塞发动机 ... 3
- 1.1.4 航空燃气涡轮发动机 ... 4

1.2 航空燃气涡轮发动机的基本类型和特点 ... 5
- 1.2.1 涡轮喷气发动机 ... 5
- 1.2.2 涡轮风扇发动机 ... 6
- 1.2.3 涡轮螺旋桨发动机 ... 6
- 1.2.4 涡轮轴发动机 ... 7
- 1.2.5 螺桨风扇发动机 ... 8

1.3 燃气涡轮发动机的基本组成 ... 9
- 1.3.1 主体结构 ... 9
- 1.3.2 工作系统 ... 11

1.4 燃气涡轮发动机的基本工作原理 ... 11
- 1.4.1 基本循环过程 ... 11
- 1.4.2 气体动力学的基本方程 ... 12

1.5 航空活塞发动机的基本组成、工作原理及类型 ... 15
- 1.5.1 基本组成 ... 15
- 1.5.2 基本工作原理 ... 15
- 1.5.3 航空活塞发动机的划分 ... 17

参考文献 ... 19

第 2 章 燃气涡轮发动机结构 20

2.1 进气装置 20
2.1.1 功用 20
2.1.2 进气道结构 20
2.1.3 进气防护装置 21

2.2 压气机 23
2.2.1 概述 23
2.2.2 轴流式压气机结构 24
2.2.3 离心式压气机结构 39

2.3 燃烧室 43
2.3.1 概述 43
2.3.2 燃烧室的基本类型 44
2.3.3 燃烧室的结构 46

2.4 涡轮与自由涡轮 60
2.4.1 概述 60
2.4.2 涡轮的结构 63

2.5 排气装置 74
2.5.1 排气装置的功用 74
2.5.2 排气管的结构 75
2.5.3 排气噪声 75

2.6 传动装置 76
2.6.1 概述 76
2.6.2 齿轮减速器 78
2.6.3 附件传动装置 79

参考文献 82

第 3 章 燃气涡轮发动机工作系统 83

3.1 滑油系统 83
3.1.1 滑油系统的功用及需满足的要求 83
3.1.2 滑油的使用特点 85
3.1.3 滑油系统的工作原理 87

    3.1.4 滑油系统的主要附件 ·· 88
  3.2 燃油系统 ··· 90
    3.2.1 燃油系统的功用及需满足的要求 ······································ 90
    3.2.2 燃油的特性 ··· 91
    3.2.3 燃油系统的主要组成 ··· 92
    3.2.4 燃油系统的工作 ·· 95
    3.2.5 数字式电子控制系统 ··· 99
  3.3 空气系统 ·· 104
    3.3.1 冷却 ·· 104
    3.3.2 密封 ·· 108
    3.3.3 轴承载荷控制 ·· 110
    3.3.4 飞机座舱服务 ·· 110
  3.4 起动系统 ·· 111
    3.4.1 燃气涡轮发动机的起动过程 ······································ 111
    3.4.2 起动系统的功用和要求 ·· 113
    3.4.3 起动系统的主要附件 ·· 114
  3.5 监测与指示系统 ·· 116
    3.5.1 监测与指示系统的功用和要求 ···································· 117
    3.5.2 监测与指示系统的工作原理 ······································ 118
    3.5.3 监测与指示系统的主要附件 ······································ 133
  3.6 防冰系统 ·· 134
    3.6.1 防冰措施 ··· 134
    3.6.2 防冰系统的功用及需满足的要求 ·································· 135
    3.6.3 防冰系统的工作方式 ·· 136
    3.6.4 防冰系统的主要附件 ·· 138
  参考文献 ·· 139

第4章 航空活塞发动机结构与系统 ·· 140

  4.1 航空活塞发动机主要机件 ·· 141
    4.1.1 气缸 ·· 141
    4.1.2 活塞组件 ··· 142
    4.1.3 连杆 ·· 144
    4.1.4 曲轴 ·· 145

4.1.5 减速器 · 148
   4.1.6 气门机构 · 149
   4.1.7 机匣 · 150
4.2 燃油系统 · 150
   4.2.1 概述 · 150
   4.2.2 化油器式燃油系统 · 151
   4.2.3 喷油式燃油系统 · 153
   4.2.4 喷油系统 · 154
   4.2.5 燃油管理 · 156
4.3 滑油系统 · 157
   4.3.1 概述 · 157
   4.3.2 功用 · 158
   4.3.3 滑油系统的组成 · 159
   4.3.4 滑油系统的监控 · 160
4.4 起动系统 · 162
   4.4.1 概述 · 162
   4.4.2 起动装置 · 163
   4.4.3 发动机起动 · 169
4.5 点火系统 · 171
   4.5.1 组成 · 172
   4.5.2 磁电机 · 173
   4.5.3 电嘴 · 175
参考文献 · 178

第5章 航空动力装置的工作性能 · 179

5.1 航空活塞发动机 · 180
   5.1.1 一般工作 · 180
   5.1.2 主要性能参数 · 181
5.2 航空涡桨发动机 · 184
   5.2.1 一般工作 · 185
   5.2.2 主要性能参数 · 186
5.3 航空涡轴发动机 · 187
   5.3.1 一般工作 · 187

  5.3.2 主要性能参数 …………………………………………………… 188
5.4 航空涡喷和涡扇发动机 ……………………………………………… 191
5.5 航空活塞发动机与通用航空涡轴发动机性能差异 ………………… 193
参考文献 …………………………………………………………………… 201

第1章 航空动力装置概述

在大气层内、外空间飞行的器械称为飞行器,包括航空器、航天器和跨大气层飞行器。在大气中飞行的装置称为航空器,分为轻于空气的航空器和重于空气的航空器两类。气球和飞艇属于轻于空气的航空器,靠空气的静浮力升空、随风飘行或靠动力飞行,它们在历史上发挥过重要作用,而且现在仍在使用。但对航空事业更有意义,也更为复杂的是重于空气的航空器,如飞机、直升机和装有翼面的空空、地空、空地、巡航导弹等,它们靠与空气的相对运动产生的空气动力升空飞行。

为航空器提供推力(或拉力)、推动航空器前进的装置称为航空动力装置或航空推进系统。航空动力装置包括发动机、推进器(如螺旋桨和旋翼,喷气发动机既是发动机又是推进器)、进气道和排气喷管,核心部分是发动机。虽然蒸汽机、电动机及汽油内燃机较早也在飞艇上使用过,但重于空气的航空器使用的发动机(如航空活塞式发动机、航空燃气涡轮发动机和冲压喷气发动机等),才是真正意义上的航空发动机。本书介绍的航空动力装置的结构和系统就是针对这类发动机而言的。

发动机是将能量转变为机械功或推力的热力机械,包括主机和各种辅助系统(如起动、燃油、润滑、自动控制等系统)。当前,航空发动机的能源主要是燃油(航空煤油和航空汽油)的化学能,工质是空气和燃气。此外,将太阳能、核能、电能或其他化学能作为能源的应用也正在研究中。

发动机是航空器的心脏,有了适用的航空发动机,才实现了真正的有动力、可操纵的载人航空飞行。航空发动机的更新换代推动了军民用航空器一代一代地向前发展。同时,由于航空发动机是知识密集型、多学科、高科技产品,而且在其基础上改型研制的燃气轮机在舰船、坦克、机车、发电、泵站等方面被广泛应用,因此,航空发动机的发展有力地带动了科学技术、基础工业和国民经济的发展,成为一个国家科技、工业水平和综合国力的重要标志。

1.1　航空发动机的分类

如图 1.1 所示,航空发动机按其组成和工作原理可分为两大类:直接反作用式和间接反作用式。

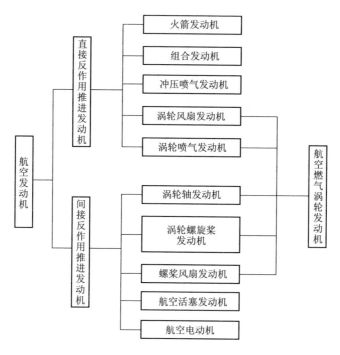

图 1.1　航空发动机的分类

直接反作用推进发动机直接将工质加速产生反作用推力,发动机本身也是推进器,所以称为喷气式发动机。属于这一类的航空发动机有带压缩机的涡轮喷气发动机和涡轮风扇发动机、无压缩机的冲压喷气发动机,它们还可以组成组合发动机,都需要吸入空气。火箭发动机自带燃料和氧化剂而不依赖空气。

间接反作用推进发动机将能量转化为轴功率输出,通过专门的推进器(如螺旋桨和旋翼)产生推力或拉力。属于这一类的航空发动机分为吸空气的活塞式发动机、涡轮螺旋桨发动机、涡轴发动机和桨扇发动机,不吸空气的航空电动机等。

这里带有涡轮和压气机的涡轮喷气发动机、涡轮风扇发动机、涡轮轴发动机、涡轮螺旋桨发动机、螺桨风扇发动机统称为航空燃气涡轮发动机。

1.1.1 火箭发动机

火箭发动机除自带燃料外,还自带氧化剂。因此,它不受大气条件的限制,可以在真空中工作。目前火箭发动机主要用作航天飞行器和导弹的动力装置,也可用作飞机的助飞器,帮助其起动和加速。

1.1.2 冲压喷气发动机

冲压喷气发动机是最简单的喷气发动机。它由进气道、燃烧室和喷管组成,内部不含任何转动部件。进气道为扩张形,喷管是收敛形或收敛-扩张形。进来的气体在进气道内减速增压,之后在燃烧室内与燃料混合,在等压的条件下连续燃烧,产生的高温、高压燃气在喷管中膨胀加速后喷出,产生推力,如图 1.2 所示。

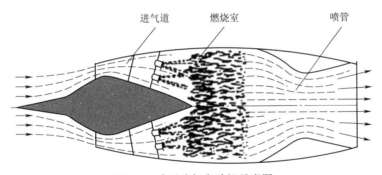

图 1.2 冲压喷气发动机示意图

冲压喷气发动机需要获得很高的前行速度才能工作,一般速度要大于 400km/h,只有这样才能保证燃烧室内气体的压力足够维持燃烧。因此,冲压喷气发动机需要靠其他移动工具先获得很高的速度,然后才能开始工作。飞行速度越高,冲压作用越大,产生的推力也就越大,因而冲压喷气发动机更适合超声速飞行。也可将它用在涡轮喷气发动机上,装在排气装置中,用作加力燃烧室,从而进一步提高喷气速度。

1.1.3 航空活塞发动机

航空活塞发动机出现较早,发展时间较长,理论研究和实践应用方面都比较成熟和完善。直到现代,活塞发动机在航空飞行器中仍占有重要的地位。在飞行速度不太高的飞机上,航空活塞发动机能发挥其耗油率低、使用维护成本低的优点。因此,航空活塞发动机在轻型、低速飞机上仍广泛采用。

活塞发动机是一种利用一个或者多个活塞将压力转换成旋转动能的发动机。航空活塞发动机是利用燃油与空气混合,在密闭的容器(气缸)内燃烧、膨胀做功的机械。航空活塞发动机必须带动螺旋桨,由螺旋桨产生推(拉)力。所以,活塞发动机作为飞机的动力装置时,发动机与螺旋桨是不能分割的。活塞发动机带动空气螺旋桨等推进器旋转产生推力,本身不能产生推力,只能从轴上输出功率带动螺旋桨,由螺旋桨产生推力,所以螺旋桨称为推进器。活塞发动机(热机)加螺旋桨(推进器)称为活塞式动力装置。

1.1.4 航空燃气涡轮发动机

航空燃气涡轮发动机是目前应用最广泛的一类航空发动机。这类发动机空气的压缩除利用冲压作用外,主要依靠专门的压气机来完成。由于其压气机是由涡轮带动,因此通常被称为燃气涡轮发动机。燃气涡轮发动机是目前大部分类型飞机的主要动力装置,又可分为涡轮喷气发动机、涡轮风扇发动机、螺桨风扇发动机、涡轮螺旋桨发动机和涡轮轴发动机。在航空燃气涡轮发动机中,发动机工作时,进入发动机的空气经压气机压缩提高压力后,流入燃烧室与喷入的燃油(航空煤油)混合后燃烧,将燃料中的化学能转化为热能,形成高温、高压燃气,再进入驱动压气机的燃气涡轮中膨胀做功,使涡轮高速旋转并输出驱动压气机及发动机附件所需的功率。由燃气涡轮出来的燃气,是具有一定压力、一定温度(即具有一定能量)的燃气。所有的燃气涡轮发动机都是由于这股燃气具有一定的能量,才能将其转化为发动机的推力或发动机的输出功率。利用这股燃气能量的方式可以有多种,因而相应地有不同类型的发动机。

由于压气机、燃烧室以及驱动压气机的燃气涡轮(简称涡轮)所组成的装置是用来提供高温、高压燃气的,因此称它为燃气发生器。如图1.3所示,燃气发生器后紧跟一个尾喷管,从燃气发生器出来的燃气在尾喷管中膨胀,并以高速由喷管中喷出产生推力,这种发动机称为涡轮喷气发动机,简称涡喷发动机。国产涡喷发动机以"涡喷"二字汉语拼音的第一个字母组成词冠并紧跟产品代号来命名,如WP6、WP7等。从燃气发生器中出来的燃气流入其后的另一涡轮中继续膨胀做功,然后由尾喷管排出。这个用于传动其他部件的涡轮,一般称为"动力涡轮"。在大多数发动机中,动力涡轮与燃气发生器的涡轮没有机械联系,它们均各自工作于不同的转速,所以动力涡轮也可称为"自由涡轮"。如果动力涡轮驱动位于燃气发生器前的风扇转子,这就是涡轮风扇发动机,简称涡扇发动机,国产涡扇发动机的代号为WS。如果动力涡轮驱动减速器然后带动螺旋桨,这就是涡轮螺旋桨发动机,简称涡桨发动机,国产涡桨发动机的代号为 WJ。动力涡轮驱动直升机旋翼旋转从而产生动力的发动机称为涡轮轴发动机,简称涡轴发动机,国产涡轴发动机的代号为 WZ。

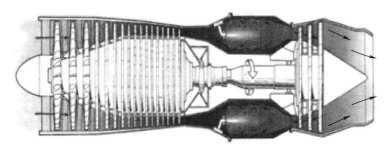

图 1.3　涡轮喷气发动机示意图

从工作原理上看,同一个燃气发生器,可以配上不同的部件,成为不同类型的发动机,因此燃气发生器又称为核心机。如果能发展出一台具有先进技术水平的核心机,即可获得多种性能良好的发动机;同时,还可将这种性能先进的核心机放大或缩小,成为不同流量的核心机,衍生发展出不同性能的发动机。因此,发展高性能的核心机是提高发动机性能,满足不同飞机要求的一种有效的措施。

1.2　航空燃气涡轮发动机的基本类型和特点

1.2.1　涡轮喷气发动机

涡轮喷气发动机是 20 世纪五六十年代应用最广泛的燃气涡轮发动机,当时是高速歼击机的唯一动力,为许多轰炸机、客机所采用。因为涡喷发动机的推力是由高速排出高温燃气所获得的,所以,在得到推力的同时,由燃料燃烧所获得的能量有不少以燃气的动能与热能的形式排出发动机,能量损失较大,因此它的耗油率较高。

在大部分涡轮喷气发动机中,为了获得更大的稳定工作范围和更高的增压比,通常都采用双转子结构。这种结构是将一台高增压比的压气机分为串联的两个低增压比压气机,分别由两个涡轮以不同的转速驱动。位于前端的那一台压气机,空气压力较低,称为低压压气机,后端的称为高压压气机。相应地,涡轮也分为低压涡轮与高压涡轮。由此可见,双转子涡轮喷气发动机就是具有两个只有气动联系没有机械联系且拥有同心轴的燃气发生器转子的涡喷发动机。除了早期发展的涡轮喷气发动机外,绝大多数涡轮喷气发动机都是双转子发动机。

1.2.2 涡轮风扇发动机

在涡轮风扇发动机中,动力涡轮的传动轴向前通过燃气发生器转子中心,驱动外径比燃气发生器大的风扇叶片(实际上就是压气机叶片),如图1.4所示。流入发动机的空气经风扇增压后,一部分从燃气发生器中流过,称为内涵气流;一部分从围绕燃气发生器外壳的外环中流过,称为外涵气流。外涵、内涵空气流量之比称为流量比或涵道比,发动机推力由内涵、外涵气流分别产生的推力组成。涡扇发动机具有耗油率低、起飞推力大、噪声低、迎风面积大等特点。20世纪60年代中期被旅客机、轰炸机广泛采用。20世纪70年代,在发展了具有先进性能的燃气发生器后,研制了带有加力燃烧室的低流量比涡扇发动机,作为空中优势战斗机的动力。目前的歼击机以及欧洲几国的新一代战斗机均采用低流量比的加力涡扇发动机,这种发动机结构简单,压气机、风扇的级数较少,整台发动机的零件数目较少。

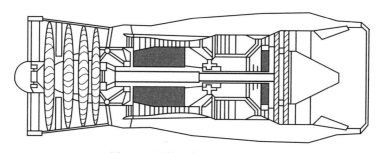

图1.4 涡轮风扇发动机示意图

涡扇发动机的诞生使得航空工业有了质的飞跃,而随着航空发动机相关技术的不断发展,涡轮风扇发动机的发展呈现出更广阔的前景,它是一种很有发展前景的航空发动机。目前,世界上最先进的客机、运输机和战斗机均采用涡扇发动机作为动力装置。

1.2.3 涡轮螺旋桨发动机

涡轮螺旋桨发动机是在涡喷发动机的燃气发生器后加装一套涡轮(一级或多级),一般称为"动力涡轮"。燃气在动力涡轮中膨胀,驱动它高速旋转并产生一定的功率,动力涡轮的动力轴穿过燃气发生器转子,经减速器减速后驱动压气机前的螺旋桨。流出动力涡轮的燃气由尾喷管排出。在大多数发动机中,动力涡轮与燃气发生器的涡轮没有机械联系,它们各自工作于不同的转速,所以动力涡轮也称为"自由涡轮"。

而涡轮螺旋桨发动机就是由动力涡轮驱动减速器然后带动螺旋桨,简称涡桨发动机,国产代号为WJ,如图1.5所示。

从涡桨发动机燃气发生器出来的燃气,绝大部分在动力涡轮中膨胀做功,使动力涡轮高速旋转,然后通过减速器将转速降到1000~2000r/min再驱动螺旋桨;燃气中剩下的很少能量在尾喷管中膨胀,产生一小部分推力。因此,涡桨发动机除输出轴功率外,还输出少量推力。涡桨发动机由于有直径较大的螺旋桨,飞行速度受到限制,一般用于马赫数为0.5~0.7的飞机上,但是,由于它的排气能量损失少,推进效率高,因此耗油率低。20世纪50年代研制的客机、运输机上采用这种发动机较多,但后来的一些中、大型飞机上,已普遍由涡扇发动机替代。

不过由于涡桨发动机在亚声速、短航线内的经济性好,采购和维修费用低,目前支线使用的客机、小型运输机和农林、消防专用飞机仍以涡桨发动机为主要动力装置。国产的运-7飞机就由WJ-5发动机为其提供动力,另外,由西安飞机工业公司自行研制并生产的我国第一代支线客机"新舟60"也采用涡桨发动机作为动力装置。

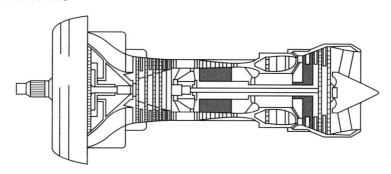

图1.5 涡轮螺旋桨发动机示意图

1.2.4 涡轮轴发动机

涡轮轴发动机(图1.6)与涡轮螺旋桨发动机类似,只不过它的输出轴不是驱动螺旋桨,而是驱动其他设备。燃气的能量基本都被涡轮吸收了。因此,相对于涡轮喷气发动机而言,其涡轮的级数要多。在航空上,涡轮轴发动机一般用在直升机上,用来驱动旋翼,或用作大型飞机上的辅助动力装置(APU),驱动发电机,以及给飞机气源系统供气。

现在多数的涡轮轴发动机都采用自由涡轮结构,自由涡轮输出到减速齿轮系,然后再传动其他的设备。

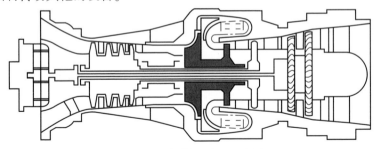

图 1.6　涡轮轴发动机示意图

涡轮轴发动机的一般工作情形:发动机在地面工作时,燃气发生器转子高速旋转,使压气机进口形成低压区,周围的空气以一定的轴向速度经进气道流入压气机。由于压气机工作叶轮旋转做功,使空气的压力、温度升高。通常压气机出口的轴向气流速度比进口的低些。气体进入燃烧室后,与燃料混合形成混合气并不断地进行燃烧,使气体获得大量热量,温度大为提高。同时,气流速度也相应增大。由于气体的加速、加热和流动损失,气体流过燃烧室时压力略为下降。燃烧后的高温、高压燃气流过涡轮时膨胀做功,将燃气的一部分焓转变为机械功,推动涡轮转动,而涡轮又带动压气机和附件工作(对于定轴式涡轴发动机还带动直升机旋翼工作)。燃气从涡轮流出后,温度和压力仍然较高,流经自由涡轮时,继续膨胀,把大部分焓转变为机械功,推动自由涡轮旋转。自由涡轮通过减速器和功率输出轴向外输出功率,从而带动旋翼旋转。最后,燃气以较低的温度和接近大气的压力经过排气管排往大气。

1.2.5　螺桨风扇发动机

20 世纪 80 年代后期又发展了一种介于涡轮螺旋桨发动机和涡轮风扇发动机之间的发动机,即螺桨风扇发动机,简称桨扇发动机(图 1.7)。桨扇发动机是在涡轮螺旋桨发动机的基础上演变而来的,兼具涡桨发动机和涡扇发动机的优点,是一种新型、节能发动机。它能在高速下飞行,相应的涵道比很高。但目前由于噪声和安全方面的原因,一直没有得到使用。

燃气涡轮发动机还可用于工业(如驱动大型发电设备、天然气管道压缩机)和舰船动力设备等。工业燃气涡轮发动机与航空燃气涡轮发动机类似,并且许多工业燃气涡轮发动机就是从航空发动机改型而来的,只不过工业燃气涡轮发动机的部件更大、更重,相应的燃料也可用双燃料:天然气和燃油。工业燃气涡轮发动机的一些附件系统可不装在发动机上,而是固定在地面其他部位。

第1章　航空动力装置概述

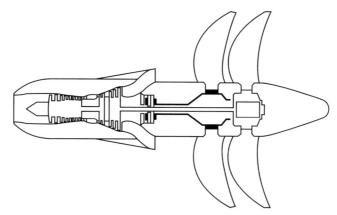

图1.7　螺桨风扇发动机示意图

1.3　燃气涡轮发动机的基本组成

航空燃气涡轮发动机一般由发动机主体结构和工作系统两部分组成。

1.3.1　主体结构

航空燃气涡轮发动机的主体结构由进气道、压气机、燃烧室、燃气发生器涡轮、自由涡轮、排气管或尾喷管、传动装置等组成，如图1.8所示。

（1）进气道。发动机进气口到压气机进口之间的这一段通道，称为进气道。它的主要功用是把发动机需要的空气顺利地引入发动机，并提供较好的压气机进口流场。

（2）压气机。包括轴流式压气机和离心式压气机两类，用来压缩空气、提高空气的压力。

（3）燃烧室。燃烧室是用来不断给空气加热的部件。在燃烧室内，燃料同由压气机流来的高压空气混合并燃烧，提高气体的温度和热能。

（4）燃气发生器涡轮（本书燃气发生器涡轮简称燃气涡轮）。燃气发生器涡轮是用来带动压气机叶轮和其他附件转动的部件。它的工作叶轮在高温、高压燃气的冲击下旋转。压气机、燃烧室和燃气涡轮组成了发动机的燃气发生器。

（5）自由涡轮。自由涡轮是用来向旋翼或螺旋桨及其他负载输出功率的部件。发动机工作时，从涡轮流出的燃气，在自由涡轮内继续膨胀做功，使其高速

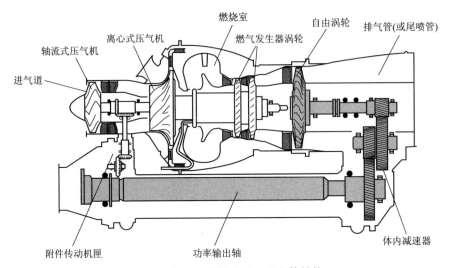

图 1.8　航空涡轮轴发动机的主体结构

旋转,并借助功率输出轴和减速器向外输出功率。

(6) 排气管或尾喷管。排气管或尾喷管位于发动机尾部,将从涡轮或自由涡轮流出的燃气排出机外。对于涡喷发动机和涡扇发动机,尾喷管将燃气加速后排出,产生向前的推力;对于涡轴发动机和涡桨发动机,排气管用来导向气流,同时还起着减速扩压的作用。

(7) 传动装置。传动装置包括齿轮减速器和附件传动装置。齿轮减速器用来把很高的自由涡轮转速(一般在 10000~45000r/min)减速到相当低的旋翼转速(或螺旋桨转速),以实现功率传递。附件传动装置一般由燃气发生器转子带转,使相关的发动机附件和飞机附件运转起来,从而保证飞机和发动机的正常工作。这些附件一般是发动机和飞机工作系统的一部分。

为了提高发动机的维修性,达到视情维修的目的,现代较先进的发动机的主体结构大都采用单元体结构设计。所谓的单元体结构,就是将发动机的若干部件或组件构成一个单元体,进而将一台发动机分成若干个单元体。一般说来,单元体结构设计的发动机具有下列特点:

(1) 每个单元体的装配和平衡均独立进行。

(2) 单元体在外场条件下能够单独更换,且具有互换性。

(3) 更换单元体后不影响发动机的性能及机械特性,也不需要进行台架试车,只需在航空飞行器上进行一次检验性试车。

1.3.2 工作系统

燃气涡轮发动机上设有各种工作系统,主要包括燃油系统、起动系统、滑油系统、监测与指示系统等。它们的作用主要是:

(1) 用来自动调节供油量,以适应发动机各种工作状态的需要。
(2) 保证发动机迅速、安全地起动。
(3) 监测和自动控制发动机的各种工作状态。
(4) 保证发动机安全可靠的工作等。

1.4 燃气涡轮发动机的基本工作原理

1.4.1 基本循环过程

涡轮喷气发动机也是一种热机,像活塞式发动机一样,它也要吸入空气(依靠进气道)、压缩空气(由压气机来完成),然后再加入热能(在燃烧室内加油燃烧)、做功(涡轮把部分能量转换为机械能),最后再把燃气排出(通过尾喷管)。与活塞发动机不同的是,这些过程是在发动机内部连续不断进行的,即空气连续进入,不断被压缩、燃烧、做功和排气;而在活塞发动机上这些过程是间歇的,它只有把燃烧后的气体排出后,才能再吸入新的空气。

活塞式发动机的循环是定容循环,即在燃烧的瞬间,容积是不变的,也称奥托循环。燃气涡轮发动机的循环为布莱顿循环,即气体压缩后加入热能时(加入燃油燃烧),压力保持不变,所以也称定压循环,如图 1.9 所示。

图 1.9 中,点 0 代表空气进入发动机之前的状态,即还没进入发动机的进气道。当空气进入进气道后,空气要稍微扩张,其静压升高,图中为 0 到 1 段。从点 1 开始,空气进入压气机,即点 1 代表压气机进口。1 到 2 段表示空气在压气机内的压缩过程。压气机对气体做功,使气体的压力升高,容积减小。压缩得越厉害,发动机的热效率越高。现代涡轮发动机的热效率可达 45% 左右。点 2 代表加入燃油并点燃,2 到 3 段代表空气在燃烧室内的燃烧过程。在这一过程中,温度升高,压力基本不变,体积迅速增大。实际上由于燃烧室的结构,气体在燃烧室内流动过程中要有损失,压力稍有下降。点 3 代表燃气进入涡轮,3 到 4 段代表燃气在涡轮中的膨胀过程(对于涡轴发动机和涡桨发动机,3 到 4′段代表燃气在涡轮和自由涡轮中的膨胀过程)。4 到 5 段代表气体在喷管中的膨胀(对于涡轴发动机和涡桨发动机,4′到 5 段代表燃气在排气管中的膨胀过程)。在整个

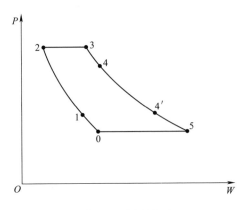

图 1.9 定压循环

膨胀过程中,涡轮要从燃气中提取部分能量,剩下的热能一部分转化为动能,使燃气高速喷出,还有一部分热能随燃气排掉。在这一过程中,压力、温度下降,体积不断增加。5 到 0 段反映了燃气在大气中降温过程。

1.4.2 气体动力学的基本方程

燃气涡轮的工作过程中,热量、机械功和气体能量之间的相互转换,都是在气体的流动过程中进行的。因此,下面简要介绍一些气体动力学知识。

1. 连续方程

连续方程是质量守恒定律应用于流动气体所得到的关系式。气体稳定地流过管道时,在单位时间内,流过任何横截面的气体的质量都相等。这就是连续性原理。表达连续性原理的数学式,就是连续方程。

如图 1.10 所示,在气体流过的管道内任意取两个横截面 1—1 和 2—2,可得如下连续方程式:

$$\rho_1 V_1 A_1 = \rho_2 V_2 A_2 = q_m \tag{1.1}$$

式中:A 为管道横截面积;ρ 为管道横截面上的质量密度;V 为垂直于管道横截面上的质量流量;q_m 为单位时间通过管道任一截面上的质量流量。

对于不可压缩流体 $\rho_1 = \rho_2$,可得

$$V_1 A_1 = V_2 A_2 \tag{1.2}$$

2. 伯努利方程

伯努利方程是一个用机械能表达的能量方程,它把气体的压力、速度和密度联系在一起,反映了气体在流动中机械能转换的关系。伯努利方程可简写为如

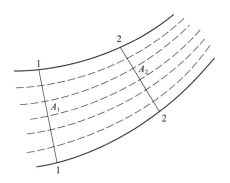

图 1.10　气体在管道内的稳定流动

下形式：

$$\frac{1}{2}\rho v_1^2 + p_1 = \frac{1}{2}\rho v_2^2 + p_2 = p_0 = \text{const} \tag{1.3}$$

或

$$\frac{1}{2}\rho v^2 + p = p_0 = \text{const} \tag{1.4}$$

式中：p 为流体中某点的压强；v 为流体该点的流速；ρ 为流体密度；const 表示常量。

由伯努利方程可得到如下结论：

当流体在管道内稳定地流动时，管道内流体的总压（由静压和动压组成）是常量，是不变的。由式(1.4)可知，流体速度越大，则流体的动压越大，而静压则越小；反之，速度越小，静压则越大，即静压和动压的总和是常数。

伯努利方程和前面提到的连续方程是解决气体在管道内流动这一问题时经常用到的两个重要方程式。

3. 气体在各种管道内的流动

直升机和螺旋桨飞机的飞行速度一般均小于声速，在亚声速范围内飞行，所以在此只讨论亚声速气流的流动。

1) 气体在扩散形管道内的流动

管道横截面积随着流程不断增大的管道称为扩散形管道。

亚声速气流流过扩散形管道时，气流速度不断减小，气体的温度相应地升高，压力和密度相应地增大，如图 1.11 所示。因此，扩散形管道可以起到减速扩压的作用。

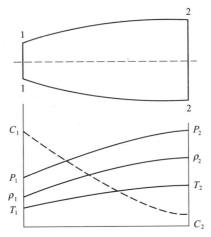

图 1.11 亚声速气流流过扩散形管道时,气流参数变化的情形

2) 气体在收敛形管道内的流动

管道横截面积随着流程不断减小的管道称为收敛形管道。

亚声速气流在流过收敛形管道时,气流速度不断增大,气体的温度相应地降低,压力和密度相应地降低,如图 1.12 所示。在航空发动机上,常采用收敛形管道使气流加速减压,以达到提高气流速度的目的。

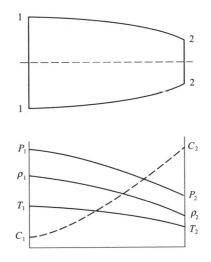

图 1.12 亚声速气流流过收敛形管道时,气流参数变化的情形

1.5 航空活塞发动机的基本组成、工作原理及类型

1.5.1 基本组成

航空活塞发动机主要由气缸、活塞、连杆、曲轴、气门机构、机匣等组成。气缸是混合气(汽油和空气)进行燃烧的地方。气缸头上装有点燃混合气的电火花塞(俗称电嘴)和进、排气门。发动机工作时气缸温度很高,所以气缸外壁上有许多散热片,用以扩大散热面积。气缸在发动机壳体(机匣)上的排列类型多为星型或V型。常见的星型发动机有5个、7个、9个、14个、18个或24个气缸不等。在单缸容积相同的情况下,气缸数目越多发动机功率越大。活塞承受燃气压力在气缸内做往复运动,并通过连杆将这种运动转变成曲轴的旋转运动。连杆用来连接活塞和曲轴。曲轴是发动机输出功率的部件。曲轴转动时,通过减速器带动螺旋桨转动产生拉力。除此以外,曲轴还要带动一些附件,如各种油泵、发电机等。气门机构用来控制进气门、排气门的定时打开和关闭。

1.5.2 基本工作原理

航空上用的活塞式发动机的工作原理与汽车用的活塞式发动机一样,燃油和空气混合以后,在气缸中燃烧,使燃油所具有的热能转变为燃气的内能,使其压力、温度升高,高温、高压燃气推动活塞运动,然后经过连杆、曲轴,在曲轴上输出机械功。这种将燃油的热能转变为机械能的机器称为热机。在直升机活塞发动机曲轴上的机械功,经过减速器传给旋翼(包括尾桨),使旋翼在空气中旋转,产生推动直升机前进的拉力。

航空活塞发动机将热能转变为机械能,是由活塞运动的几个冲程来完成的。活塞运动四个冲程完成一个工作循环的发动机,称为四冲程发动机;活塞运动两个冲程完成一个工作循环的发动机,称为二冲程发动机。现代航空活塞发动机都属于四冲程发动机,下面简要介绍四冲程发动机的工作循环。

目前飞机上采用的四冲程发动机,每完成一个循环,活塞在上死点与下死点之间往返两次,连续地移动了四个冲程,它们分别称为进气冲程、压缩冲程、膨胀冲程(又称工作冲程)和排气冲程。图1.13给出了发动机四个冲程的工作图,下面分别加以说明。

1. 进气冲程

进气冲程的作用是使气缸内充满新鲜混合气。进气冲程开始时,活塞位于

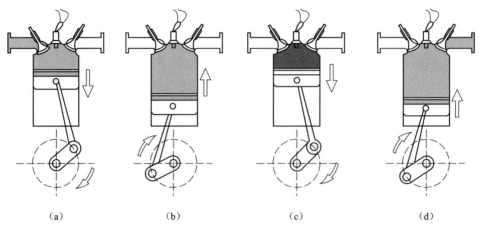

图 1.13　活塞发动机的工作循环
(a)进气冲程;(b)压缩冲程;(c)膨胀冲程;(d)排气冲程。

上死点,进气门打开,排气门关闭。活塞在曲轴的带动下,由上死点向下死点运动,气缸容积不断增大,新鲜混合气被吸入气缸,如图 1.13(a)所示。曲轴转动半圈(180°),活塞到达下死点,进气门关闭,进气冲程结束。

2. 压缩冲程

压缩冲程的作用是对气缸内的新鲜混合气进行压缩,为混合气燃烧后膨胀做功创造条件。压缩冲程开始时,活塞位于下死点,进、排气门关闭。活塞在曲轴的带动下,由下死点向上死点运动,气缸容积不断缩小,混合气受到压缩,如图 1.13(b)所示,气体的温度和压力不断升高。当曲轴旋转半圈,活塞到达上死点时,压缩冲程结束。理论上,在压缩冲程结束的一瞬间,电火花将混合气点燃并完全燃烧,放出热能,气体的压力和温度急剧升高。

3. 膨胀冲程

膨胀冲程的作用是使燃料的热能转换为机械能。膨胀冲程开始时,活塞位于上死点,进、排气门关闭着。燃烧后的高温、高压燃气猛烈膨胀,推动活塞,使活塞从上死点向下死点运动,如图 1.13(c)所示。这样,燃气对活塞便做了功。在膨胀冲程中,气缸容积不断增大,燃气的压力、温度不断降低,热能不断地转换为机械能。当活塞到达下死点时,曲轴旋转了半圈,膨胀冲程结束,燃气也变成了废气。

4. 排气冲程

排气冲程的作用是将废气排出气缸,以便再次充入新鲜混合气。排气冲程开始时,活塞位于下死点,排气门打开,进气门仍关闭着。活塞被曲轴带动,由下死点向上死点运动,废气被排出气缸,如图 1.13(d)所示。当曲轴旋转半圈,活塞到达上死点时,排气冲程结束,排气门关闭。

排气冲程结束后,又重复进行进气冲程、压缩冲程、膨胀冲程和排气冲程,航空活塞发动机就是这样周而复始地往复运动的。从进气冲程开始到排气冲程结束,活塞运动了四个冲程,完成了一个工作循环。一个循环结束后又接着下一个循环,热能不断地转变为机械能,发动机连续不断地工作。因此,活塞发动机每完成一个工作循环,曲轴旋转两圈(4×180°=720°),进、排气门各开关一次,点火一次,气体膨胀做功一次。

活塞在四个冲程运动中,只有膨胀冲程获得机械功,其余三个冲程都要消耗一部分功,消耗的这部分功比膨胀得到的功小得多。因此,从获得的功中扣除消耗的那部分,所剩下的功仍然很大,用于带动附件和螺旋桨转动。

1.5.3 航空活塞发动机的划分

从基本工作原理方面来说,航空活塞发动机主要有四冲程发动机和二冲程发动机两种。经过长期的发展,航空活塞发动机的种类繁多,形式千差万别。但因航空业的不断进步,有的类型已经逐渐淘汰了,因此对航空活塞发动机的划分,仅限于目前仍广泛采用的类型。

1. 按混合气形成的方式划分

根据混合气形成方式的不同,航空活塞发动机可分为汽化器式发动机和直接喷射式发动机。汽化器式发动机装有汽化器,燃料与空气在汽化器内混合好后再进入发动机气缸中燃烧。直接喷射式发动机中装有直接喷射装置,燃料由直接喷射装置直接喷入气缸,混合气在气缸内形成(有的发动机燃油喷到进气门处)。功率较小的航空活塞发动机多为汽化器式,功率较大的航空活塞发动机则既有汽化器式,也有直接喷射式。

2. 按发动机的冷却方式划分

根据发动机冷却方式的不同,航空活塞发动机可分为气冷式发动机和液冷式发动机。气冷式发动机直接利用飞行中的迎面气流来冷却气缸。液冷式发动机利用循环流动的冷却液来冷却气缸,冷却液最终将所吸收的热量散发到周围的大气中。

3. 按空气进入气缸前是否增压划分

根据空气在进入气缸前是否增压,航空活塞发动机分为吸气式发动机和增压式发动机。吸气式发动机工作时,外界的空气被直接吸入发动机气缸。吸气式发动机一般用在飞行高度较低的飞机上。增压式发动机上装有增压器,外界的空气进入气缸之前,先经过增压器提高压力后,再进入发动机气缸。增压式发动机一般用在飞行高度较高的飞机上。

4. 按气缸排列的方式划分

根据气缸排列的方式不同可以分为直列型发动机和星型发动机。直列型发动机的气缸呈"列队"式前后排列,故发动机又可分为单排直列型、水平对置型和V型等形式。目前最常使用的是水平对置型发动机,其示意图如图1.14所示。气缸在机匣的左、右两侧各排成一行,彼此相对,这种发动机有四缸、六缸和八缸等。星型发动机的气缸排列呈辐射状,故发动机可分为单排星型和双排星型两种。目前,由于航空喷气发动机的发展,双排星型活塞发动机在航空上的应用已减少,主要是单排星型活塞发动机,其示意图如图1.15所示。

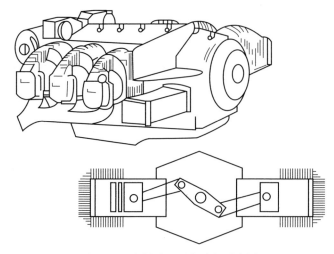

图1.14 水平对置型发动机示意图

5. 按驱动螺旋桨的方式划分

根据发动机曲轴和螺旋桨之间是否装有减速器,航空活塞发动机可以分为直接驱动式发动机和非直接驱动式发动机。直接驱动式发动机其螺旋桨由发动机曲轴直接驱动,非直接驱动式发动机其螺旋桨由发动机曲轴通过减速器驱动。

以上对发动机的每一种划分,都只说明了发动机的某一方面,对于具体型号的发动机,应综合各种区别加以说明。例如,现在国内通用航空仍广泛使用的国产活塞五型(670型)航空活塞发动机,它是九缸、单排星型、气冷式、汽化器式、非直接驱动式发动机并带有增压器;美国莱康明公司生产的IO-360航空活塞发动机是四缸、水平对置型、气冷式、直接喷射式、吸气式、直接驱动式发动机。

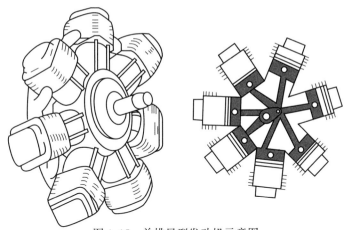

图1.15 单排星型发动机示意图

 参考文献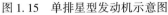

[1] 邓明,金业壮. 航空发动机故障诊断[M]. 北京:北京航空航天大学出版社,2012.
[2] 丁发军,闫峰. 航空活塞发动机工程技术管理[M]. 成都:西南交通大学出版社,2014.
[3] 张伟. 航空发动机[M]. 北京:航空工业出版社,2008.
[4] 唐庆如. 活塞发动机:ME-PA、PH[M]. 北京:兵器工程出版社,2007.
[5] 李卫东,赵廷渝. 航空活塞动力装置[M]. 成都:西南交通大学出版社,2004.
[6] 陈卫,程礼,李全通,等. 航空发动机监控技术[M]. 北京:国防工业出版社,2011.
[7] 刘大响,陈光. 航空发动机——飞机的心脏[M]. 北京:航空工业出版社,2003.
[8] 倪先平. 直升机手册[M]. 北京:航空工业出版社,2003.
[9] 邓明. 航空燃气涡轮发动机原理与构造[M]. 北京:国防工业出版社,2008.
[10] 赵洪利. 现代民用航空燃气涡轮发动机[M]. 北京:中国民航出版社,2010.
[11] 王云. 航空发动机原理[M]. 北京:北京航空航天大学出版社,2009.
[12] 李汝辉,吴一黄. 活塞式航空动力装置[M]. 北京:北京航空航天大学出版社,2008.
[13] 王霞,陈兆鹏,韩莎莎. 通用航空的基石——RBO[M]. 北京:航空工业出版社,2014.
[14] 吴大观. 航空发动机研制工作论文集[M]. 北京:航空工业出版社,2009.
[15] 侯志兴. 世界航空发动机手册[M]. 北京:航空工业出版社,2007.
[16] 廉莜纯,吴虎. 航空发动机原理[M]. 西安:西北工业大学出版社,2005.
[17] 詹姆士·圣·彼得. 美国飞机燃气涡轮发动机发展史[M]. 张健,等译. 北京:航空工业出版社,2016.

第 2 章 燃气涡轮发动机结构

2.1 进气装置

2.1.1 功用

进气装置主要由进气道组成,有的具有进气防护装置。进气道用于将发动机需要的空气顺利地引入压气机。进气道可分为亚声速进气道和超声速进气道两大类。由于直升机和涡桨固定翼飞机都在亚声速范围内飞行,因此涡轴和涡桨发动机所采用的进气道为亚声速进气道。以下主要基于亚声速进气道进行介绍。

在飞机飞行时,如果飞行速度大于压气机进口气流速度,空气流过进气道时,流速减小,压力和温度升高,空气受到压缩。空气由于自身速度降低而受到的压缩称为动力压缩,或称为冲压压缩。当飞行速度小于压气机进口气流速度时,气流在进气道内膨胀加速,则为无动力压缩。

2.1.2 进气道结构

根据进气道进口截面与来流方向的相互位置关系,进气道可分为静进气道和动进气道两类。

1. 静进气道

静进气道的进口截面大致平行于来流方向,如图 2.1 所示。静进气道具有结构简单、重量轻、吸入外来物的危险性小等优点,而且由于进气道与机身表面型线一体化,从而降低了飞机的阻力。静进气道的缺点是,这种形式的进气道即使设计得再好,最多也只能恢复 50% 的来流冲压。压气机进口处的压力畸变指数和吸入热燃气的危险性始终高于动进气道。

2. 动进气道

动进气道的进口截面正对着来流,如图 2.2 所示。动进气道的优点是,能够较好地恢复来流冲压,并且在压气机进口截面得到很低的压力畸变。它的压力损失可以通过悬停时无热燃气再循环和向前飞时冲压恢复以及无附面层吸入而大大降低。

以上两种进气道在涡轮螺旋桨发动机和涡轮轴发动机上都有使用,对于涡轮喷气发动机和涡轮风扇发动机,一般使用动进气道。

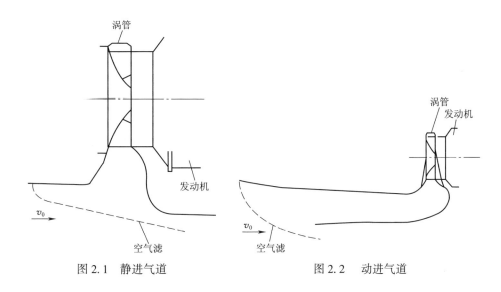

图 2.1 静进气道　　　　　图 2.2 动进气道

2.1.3 进气防护装置

1. 防尘装置

对于涡轴发动机而言,由于直升机的特殊使命决定了它不仅要在野外场地起飞、着陆,而且还要在山区、沙漠、冰雪地区和海面上执行任务,经常要在低空悬停或者贴地飞行。在直升机旋翼下洗气流的诱导作用下,地面上大量的沙尘、冰雪等各种外来物和海上盐雾都可能被吸入发动机,从而使发动机性能下降,寿命缩短。为此,需在发动机前增设进气防尘装置。

进气防尘装置又称为粒子分离器,一般安装在进气道的进口处,其功用是减小或防止沙、尘及外来物被吸入发动机。纵观已使用的各种防尘装置,按其工作原理可分为阻拦式和惯性分离式。

1) 阻拦式防尘装置

阻拦式防尘装置如图 2.3 所示,它安装在进气道的进口,当进入发动机的空气流经过滤介质时,沙尘被阻拦在过滤介质外。此装置是早期直升机采取的进气防护措施,由于进气损失过大和防尘效果不甚理想,且极易堵塞等,目前已较少采用。

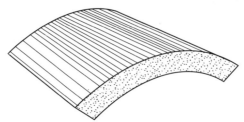

图 2.3　阻拦式防尘装置示意图

2) 惯性分离式防尘装置

惯性分离式防尘装置都是利用某一惯性力场,使运动的含砂空气流过一定几何形状的通道,其中惯性(动量)较大的尘砂粒子越过空气流线由分散状态汇聚到一起,然后再排出系统之外。

为了形成便于将空气与尘砂粒子分离的惯性力场,惯性分离式防尘装置在结构上多采用两种基本方式:一种是空气通道转折式,另一种是空气通道螺旋式。

图 2.4 是一种典型的空气通道转折式分离器,在空气通道转折处,气流方向急剧变化,尘砂粒子在惯性力的作用下仍按原方向运动,空气与尘砂分离,洁净的空气进入发动机,尘砂粒子或被引射出机外,或聚集在收集箱内。

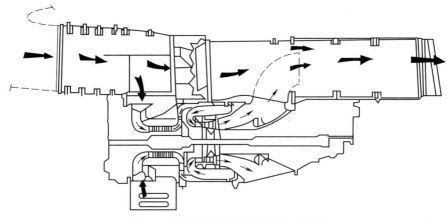

图 2.4　空气通道转折式分离器示意图

图2.5是一种空气通道螺旋式分离器的工作原理图。气流流过通道时,形成螺旋运动,尘砂粒子在离心惯性力作用下甩向管壁,处于螺旋管中心的洁净空气流入发动机。螺旋叶片分为静止和旋转两种,静止叶片又称为预旋式叶片,只形成涡旋通道,叶片自身不转动。旋转叶片由动力驱动,在叶片转动时驱使气流形成螺旋运动。

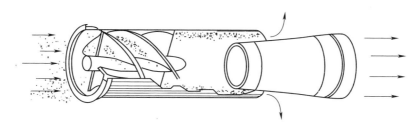

图2.5 空气通道螺旋式分离器的工作原理图

2. 防冰装置

当发动机进气装置在规定的结冰环境下工作时,进气防冰装置应设计成从海平面到飞机最大飞行高度均能向进气装置提供令人满意的防冰效果。如果进气装置安装结冰探测器,则该探测器必须满足规定要求。防冰装置的控制发生任何故障时,要保证该系统始终处于或恢复到防冰工作状态。

发动机进气装置可采用电防冰或发动机引气防冰两种方式。前者(电防冰)通常采用其内部装有电加热元件的非金属管;后者通常采用双壁热交换器金属管,装在需要提供热保护区的位置,热交换器可制成带散热片或不带散热片的形式。每架飞机究竟采用何种防冰装置要依据该直升机执行的任务和对机身、传动系统、发动机相互匹配综合研究的结果来决定。

2.2 压 气 机

2.2.1 概述

压气机用于增大进入发动机内的空气压力、供给发动机工作时所需要的压缩空气,同时可以为座舱增压、涡轮散热和其他发动机的起动提供压缩空气。

在涡轴发动机中,常采用了两类压气机:轴流式(也称轴向式)压气机和离心式压气机。轴流式压气机具有增压比高、效率高、单位面积空气质量流量大、迎风阻力小等优点,在相同外廓尺寸条件下可获得更大的推力(或功率)。离心式压气机曾最先使用在航空发动机上,具有结构简单、工作可靠、稳定工作范围较宽、单级增压比高等优点。缺点是迎风面积大，难以获得更高的总增压比。

在螺旋桨飞机和直升机的中、小型发动机上，轴流式压气机与离心式压气机组成的混合式压气机发挥了离心式压气机单级增压比高的优点，避免了轴流式压气机当叶片高度很小时损失增大的缺点，因此得到广泛应用。

2.2.2　轴流式压气机结构

轴流式压气机由若干个单级组成（图2.6），每个单级又由一个叶轮和与其后的一个整流环组成。叶轮（工作叶轮）又是由一排工作叶片及轮盘、轴组成。整流环是由一排整流叶片组成的圆环，又称整流器。对于多级轴流式压气机来说，虽然级数多，但每一级的工作原理却是相同的。

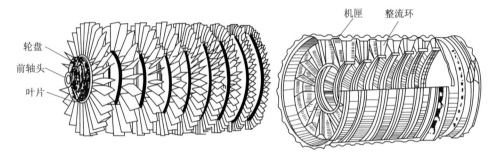

图2.6　轴流式压气机的组成

轴流式压气机由转子和静子组成。转子是一个高速旋转对气流做功的组合件；静子是静子组合件的总称，包括机匣和整流器。压气机机匣由进气装置、整流器机匣和扩压器机匣等组成。

1. 压气机转子

1）压气机转子结构

（1）转子结构受力特点。就结构设计来讲，涡轴发动机上的压气机与一般压气机相比，它的主要特点是转速高，每分钟达到数千至数万转。转速高可以使压气机在尺寸小、重量轻的条件下，得到所需的性能（即给定的空气质量流量和增压比），满足涡轴发动机结构设计的最基本要求，这是有利的一面。但是，若转子零件、组件的定心方案设计不妥，转子装配不当，平衡不好，横向刚性不足，当压气机高转速工作时，转子就会因剧烈振动而影响发动机正常工作。此外，在转子零件及其连接处还承受着巨大的惯性力、气体力、扭矩和振动负荷，若零件型面和传力方案设计不当，工作时零件就有破裂损坏的危险。这是不利的一面，也是转子结构设计面临的基本问题。

转子的结构方案虽多种多样、千变万化,但是由于转子是一个高速旋转的承力件,因此转子结构设计所要解决的基本矛盾是:在考虑到尺寸小、重量轻、结构简单、工艺性好的前提下,转子零件、组件及其连接处应保证可靠的传力(对结构设计起决定作用的负荷是叶片和转子的离心力、弯矩和扭矩),良好的定心和平衡,足够的刚性,如图 2.7 所示。这些就是压气机转子方案设计所应遵循的基本原则,也是分析各种转子方案的纲领。

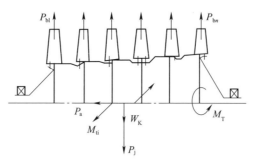

图 2.7 作用在压气机转子上的主要负荷

(2) 转子的基本形式。压气机转子的基本形式有三种:鼓式、盘式(包括加强的盘式)和鼓盘式,如图 2.8 所示。

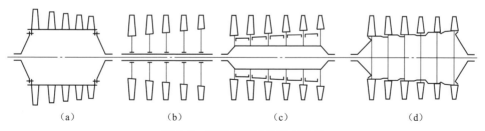

图 2.8 压气机转子的基本形式
(a)鼓式;(b)盘式;(c)加强的盘式;(d)鼓盘式。

鼓式转子(图 2.8(a)、图 2.9)的基本构件是圆柱形、椭圆形或圆锥形鼓筒(视气流通道形式而定),借安装边和螺栓与前、后半轴连接。鼓筒外表面加工有环槽或纵槽,用来安装转子叶片。作用在转子上的主要负荷(叶片和鼓筒的离心力、弯矩和扭矩)由鼓筒承受和传递。鼓式转子的优点是抗弯刚度高、结构简单,但是承受离心载荷能力差,故只能在圆周速度较低(不大于 180~200m/s)的条件下使用。

盘式转子(图 2.8(b))由一根轴和若干个轮盘组成,用轴将各级轮盘连成一体。盘缘有不同形式的榫槽用来安装转子叶片。盘心加工成不同形式,即用不同的方法在共同的轴上定心和传扭。转子叶片和轮盘的离心力由轮盘承受,转子的抗弯刚性由轴保证。盘式转子的优点是承受离心载荷能力强,但是抗弯性差。为了提高转子的抗弯刚度,在盘缘间增添了定距环,并将轴的直径加粗,这样的盘式转子称为加强的盘式转子,如图2.8(c)、图2.10所示。

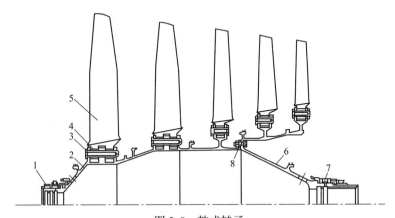

图2.9 鼓式转子

1—前支点;2—鼓筒前段;3—销钉;4—衬套;5—叶片;
6—鼓筒后段;7—转子后轴承内圈;8—连接螺栓。

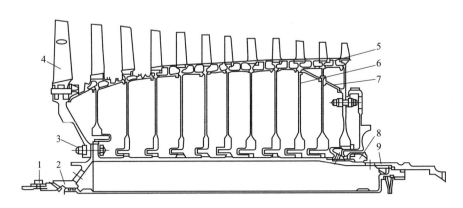

图2.10 加强的盘式转子

1—前支点;2—前半轴;3—螺栓;4—转子叶片;5—定距环;
6—轮盘;7—内加强环;8—大螺母;9—后半轴。

鼓盘式转子(图2.8(d)、图2.11)由若干个轮盘,鼓筒和前、后半轴组成。盘缘有各种形式的榫槽用来安装转子叶片。级间连接可采用焊接、径向销钉、轴向螺栓或拉杆等方式。转子叶片、轮盘和鼓筒的离心力由轮盘和鼓筒共同承受，扭矩经鼓筒逐级传给轮盘和转子叶片，转子的横向刚性由鼓筒和连接件保证。

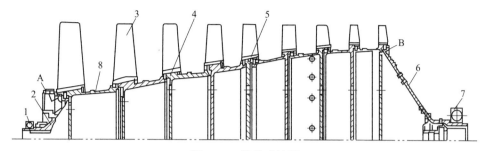

图 2.11 鼓盘式转子

1—前支点；2—前半轴；3—转子叶片；4—螺栓；5—轮盘；
6—后半轴；7—后支点；8—鼓筒。
A—平衡螺钉；B—刮削材料处。

在有些情况下，加强的盘式转子和鼓盘式转子不易区别，主要的区别方法在于辨别转子的传扭方式。加强的盘式转子主要靠轴传扭，如图 2-10 中盘和轴之间有传扭套齿，而鼓盘式转子靠鼓筒传扭。图 2-10 中定距环的主要作用是提高转子的刚性和传递轴向力。

2) 转子叶片与轮盘的连接

（1）基本要求。

转子叶片是轴流式压气机最重要的零件之一，主要由叶身和榫头组成。在有些长叶片上或者在激振力比较强的区域内工作的叶片叶身上，还带有阻尼凸台，如图 2.12 所示。

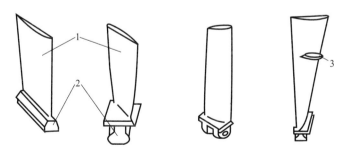

图 2.12 压气机转子叶片外形图

1—叶身；2—榫头；3—凸台。

榫头的主要设计要求为：

① 在重量轻、尺寸小(特别是周向尺寸小)的条件下,可靠地固定;
② 结构简单,便于加工和更换。

减小榫头的周向尺寸可以保证在轮盘上安装足够数目的叶片,提高压气机级的做功能力。可靠地固定是指连接处应有足够的强度、适宜的刚性和小的应力集中。工作时,在叶片上作用着巨大的离心力、气动力和振动负荷。使用表明,转子叶片由于振动而损坏,是轴流式压气机常见的故障,为此在榫头结构设计时,应有足够的强度,要保证叶片在轮盘上的固定具有适宜的刚性,避免在发动机常用转速范围内出现危险共振。关于榫头的形式和尺寸的设计,要避免存在过大的应力集中。

由于转子叶片数量多且型面复杂,据统计,叶片的加工量占整个发动机加工量的 30%~40%,因此叶片工艺性的好坏对整台发动机的生产周期和成本有很大的影响。工作时,叶片是容易损坏的零件,所以榫头应便于拆装,以保证叶片的修理和更换。

(2) 榫头的形式、特点和应用范围。

目前,轴流式压气机转子叶片榫头的形式有销钉式、燕尾形和枞树形。

① 销钉式榫头。目前,轴流式压气机的销钉式榫头多采用凸耳铰接的方案。叶片借凸耳跨在盘缘上或插在盘缘的环槽内(图 2.13 及图 2.9),用销钉或衬套承剪,以传递叶片的离心力。衬套与凸耳孔之间、凸耳和轮盘侧面之间均留有间隙,工作时允许叶片绕销钉摆动,有减振和自位的作用。当叶片较长、离心力较大时,可将盘缘做成"ш"字形,见图 2.9 前两级,使销钉的承剪面由两个增加为 4 个,以改善承剪零件的受力情况。

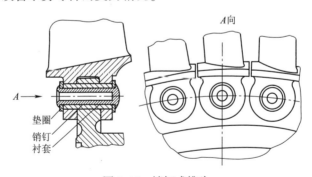

图 2.13 销钉式榫头

这种结构的优点是:工艺和装配简单,没有专门的设备也能制造,对于试验的、单件生产的发动机有一定的优越性,同时铰接的销钉式榫头是目前轴流式压气机消除叶片危险性共振的有效措施之一。但是,在这种方案中,叶片的负荷是通过销钉承剪传给盘缘,不是由榫头直接传给盘缘,因此榫头的尺寸和重量较大,所能传递的负荷也受到限制。

② 燕尾形榫头。叶片用燕尾形榫头插入轮盘的燕尾形槽内,依靠榫头侧表面定位和传力。榫槽的准确度要求很高,用拉削制成,榫头用铣削制成,燕尾形榫头依照榫槽的走向有两种不同形式,如图2.14所示。

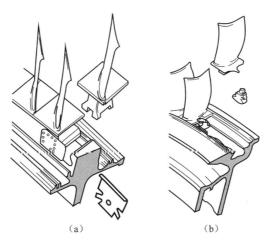

图 2.14 不同榫槽走向的燕尾形榫头和榫槽
(a)轴向榫槽;(b)周向榫槽。

燕尾形榫头和榫槽的形状和结构参数如图2.15所示。榫头在榫槽内的配合可以是过渡配合,或者是间隙配合。采用间隙配合使叶片拆装方便,避免榫槽内出现装配应力。

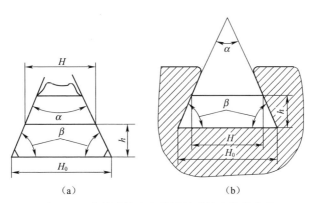

图 2.15 燕尾形榫头和榫槽的形状和结构参数
(a)榫头;(b)榫槽。

槽向固定的方式很多,通常采用卡圈、锁片、固定销等(图2.16)固定方式,根据具体结构和槽向力的大小来选择。锁片固定方式的结构最简单,但承力较小。当槽向力较大时,必须采用其他的固定方式。

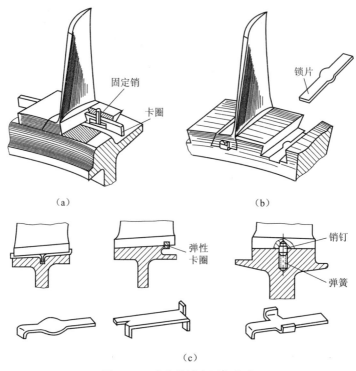

图2.16 叶片的槽向固定方式
(a)卡圈固定;(b)锁片固定;(c)锁片结构。

燕尾形榫头的优点是:榫头尺寸较小,重量较轻,并能承受较大的负荷;榫槽采用拉削加工,生产率高,加工方便。目前,在轴流压气机上广泛采用。它的主要缺点是榫槽内有较大的应力集中。

③ 枞树形榫头。这种榫头广泛用在涡轮上,在压气机上较少采用,如图2.17所示。由于这种榫头各部分应力接近等强度,因而与其他形式的榫头相比,尺寸最小,重量最轻,能承受更大的负荷。但是应力集中也最严重,工艺性也较差。

综上所述,销钉式榫头具有减振和自位作用的优点,因而多用在压气机前几级较长的叶片上;燕尾形榫头尺寸较小,重量较轻,适于大量生产,因而广泛用在压气机的转子叶片上;枞树形榫头尺寸最小,能承受更大的负荷,因而用在特别长的压气机前几级叶片上,或叶栅稠度特别大的后几级叶片上。从减少工艺装备和降低成本方面考虑,在同一台发动机上,各级榫头形式最好相同,并且应尽量减少榫头尺寸的种类。

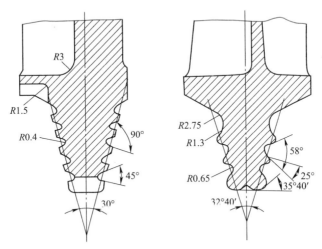

图 2.17 枞树形榫头

2. 压气机静子

轴流式压气机静子是压气机中不旋转部分,由整流器机匣和整流器叶片组件组成。

1) 整流器机匣

整流器机匣是一个圆柱形或圆锥形(视气流通道形状而定)的薄壁圆筒,前后与其他机匣连接,内壁上有固定整流叶片的各种形式的沟槽,发动机转子支承在机匣内,有些发动机的安装节以及一些附件和导管还固定在机匣外壁上。工作时,机匣承受着静子的重量 W 和惯性力 P_j,内外空气压差 $p_K - p_H$,整流器上的扭矩 M_x 和轴向力 P_a,相邻组合件传来的弯矩 M' 和 M''、扭矩 M'_T 和 M''_T,轴向力 P'_a 和 P''_a 等,如图 2.18 所示。此外,机匣设计还承受着热负荷和振动负荷。

可见,整流器机匣是发动机的主要承力壳体之一,又是气流通道的外壁。因此,对机匣结构设计的基本要求是:在重量轻的条件下,具有足够的强度和刚性,保证机匣可靠工作,保证机匣与转子叶片之间的径向间隙最小,减少漏气损失,提高压气机效率。此外,机匣设计的方案还应保证压气机拆装方便和工艺性好。

目前,整流器机匣的设计方案有分半式、分段式和整体式三种,如图 2.19 所示。它们与压气机的拆装(即与转子和整流器的方案)、机匣的材料和制造方法有着密切关系。

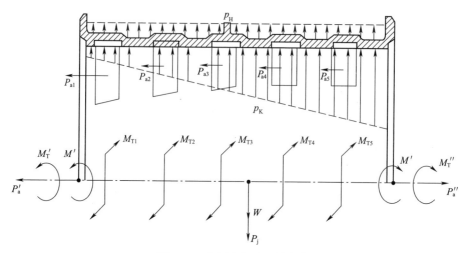

图 2.18 作用在机匣上的负荷

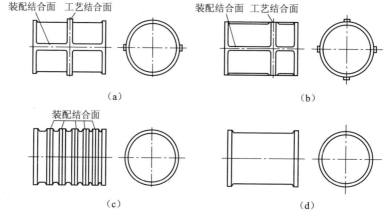

图 2.19 整流器机匣的设计方案
(a)、(b)分半式机匣；(c)分段式机匣；(d)整体式机匣。

从工艺来看，机匣可以是铸造的、锻造的和板料焊接的。铸造机匣工艺性好，安装边、放气孔、加强肋等均可一次铸成，机械加工量少，通常使用在轻合金机匣上。铸造机匣壁厚若太薄，则不易浇铸；若太厚，则冷却时间加长，铸件组织恶化，使材料的强度极限 α 降低。故壁厚一般为 6~10mm。由于材料耐热性的限制，轻合金铸造机匣只能用于工作温度低于 200℃ 的地方。随着飞行速度的增加和压气机增压比的提高，目前压气机多采用钢的、钛合金的，或者是耐热合金的机匣。结构钢锻造机匣是用较厚的毛坯(35~40mm)机械加工而成，这种机匣带有前、后安装边，机匣内表面车制各种沟槽用来安装整流叶片，外表面铣出各种沟槽、凸起、安装座、放气孔等。

综上所述，机匣的设计方案与压气机的装配（即与转子和整流器的方案）、机匣的材料和工艺方法有关。整体式和分段式机匣要求转子和整流器是可拆卸的，多用在板料焊接机匣上。不可拆卸的转子采用分半式机匣，多用铸造和锻造的方法制造。

2) 整流叶片

整流叶片安装在机匣内，位于两级转子之间。在铸造的分半机匣内，由于机匣壁较厚，整流叶片可用各种形式的榫头直接固定在机匣内壁车制的特形环槽内。

在图 2.20 所示的整流叶片上，外端加工成 T 形榫头，插入机匣内壁的 T 形环槽内。T 形榫头在安装后要采取止动措施，以免整流环在周向气体力作用下移动。这种设计方案结构简单，连接可靠，并且叶片可以拆装，但是要求机匣壁很厚，适用于铸造的分半式机匣上，并且榫槽的加工也不方便。

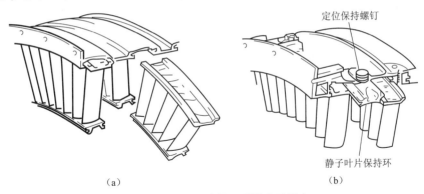

图 2.20　整流叶片的 T 形榫头及固定
(a) T 形榫头；(b) 固定方式。

图 2.21 所示的整流叶片是用螺纹轴颈和矩形板直接装在机匣内壁的环槽内，并用螺母拧紧。采用矩形板可以减小对机匣壁厚的要求，加工也方便一些。为了提高叶片的刚性，在叶片内端有圆柱销用卡圈夹紧，卡圈的内表面可作为篦齿密封的封严环。

为了保证工作时整流叶片在各种载荷作用下可靠的定位和传力，螺母拧紧后还要打上保险，现在则用自锁螺母。

直接固定的设计方案结构简单，拆装方便，因而在不少发动机上采用。但是，机匣加工复杂，连接处有各种形式的沟槽和孔洞，对机匣壁有所削弱，且轧制

图 2.21 整流叶片的固定

1—螺桩；2—机匣；3—整流叶片；4—圆柱销；5—卡圈；6—半圆形卡环；7—转子鼓筒。

的无榫头叶片和一般板料机匣无法采用。

整流叶片还可以通过焊接直接与机匣连接。图 2.22 所示为压气机的板料焊接机匣，除第 2 级外，其余各级整流叶片都是采用直接固定的设计方案。1、3、4、5 级整流叶片，除第 1 级 5 片空心整流叶片与机匣用螺母连接外，其余叶片外端借矩形安装板，用点焊或连续点焊与机匣连接。这种方案机械加工量少，对机匣壁也不削弱，适用于薄壁机匣。在板制的外环上，整流叶片的固定广泛采用这种方案。但是这种方案对焊接质量要求高，因而在工艺和结构上采取了相应的措施：采用焊接变形小的点焊或连续点焊；焊件的材料和厚度基本一致；机匣分段多，焊接较方便，并能满足装配的要求。因此，这种设计方案的采用是有条件限制的。

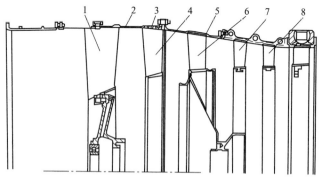

图 2.22 压气机的板料焊接机匣

1—第 1 级整流叶片；2—第 1 级机匣；3—第 2 级整流器外环；4—第 2 级整流叶片；
5—第 3 级机匣；6—第 3 级整流叶片；7—第 4 级整流叶片；8—第 5 级整流叶片。

在目前大多数整体式机匣和分段式机匣内,整流叶片广泛采用间接固定的设计方案,即整流叶片安装在专门的整环或半环内,组成整流器或整流器半环,然后固定在机匣内。显然,这种设计方案不仅要考虑叶片在外环上的固定,还要考虑整流器与机匣的连接。

由于装配上的需要,图 2.23 所示的整流器采用间接固定的设计方案。整流叶片 3 点焊在一个专门的外环 2 上,以圆柱面定心,借外环上专门的安装边,用螺栓与第 1 级机匣和第 3 级机匣连接在一起。

在许多发动机上还采用无冠整流叶片。这种叶片利用轧制好的型材,将其切成毛料后,借模压法使之达到规定的扭向和曲率,最后只需对两端面进行少量的加工和叶身抛光即可。这种方法生产率高,可以使叶片的加工量减少 80%,材料消耗减少 50%,并可做到型面准确,表面质量高。所以,其在型面简单、数量多的整流叶片上广泛应用。

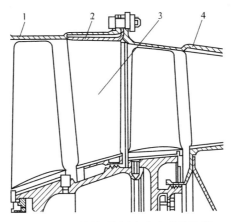

图 2.23 采用间接固定方案的整流器
1—第 1 级机匣;2—第 2 级整流器外环;3—第 2 级整流叶片;4—第 3 级机匣。

采用焊接方式结构简单,重量轻,成本低,但叶片无法更换。有些整流器是有内环的(双支点),有些则没有内环(单支点);有些整流器前几级为双支点,后几级则为单支点。这是什么原因呢? 实际使用说明,作用在整流器叶片上的气动负荷不大,但是由于气流脉动导致叶片裂纹却往往是叶片损坏的一个主要原因。因此,将叶片内端连接起来组成双支点整流器是提高叶片自振频率的一个基本措施。但是随着压气机增压比的不断提高,在中、小发动机上,压气机后几级叶片,甚至压气机各级叶片都很短。这时,在保证整流器可靠工作的前提下,就有可能采用单支点方案,以简化结构和减轻重量。当然,双支点方案还有减小漏气损失和提高压气机效率的优点。在双支点方案中,叶片与内环的连接要保证可靠地定心、密封和热补偿。出于工艺上的考虑,它们的设计方案与外环的连接方案相似。

3. 附属装置

为了保证压气机正常而有效地工作,除上述主要组合件外,在轴流式压气机上还有一些附属装置和系统。

1) 封气装置

在压气机转子和静子之间(如转子叶片顶端与机匣间,整流器内环与转子鼓筒间,转子前、后端面与机匣间)都存在着漏气损失,严重影响了压气机效率。为此,除了正确选择间隙外,还采用了封气装置。

根据气动力学知识知道,漏气量 m 取决于漏气面积 F、漏气两端的压力差 Δp(决定漏气速度)和空气密度 ρ,则有

$$m = F\sqrt{2\rho\Delta p} \qquad (1.5)$$

所以,为了进一步提高封气效果,在减小漏气面积的同时,还应该减小压力差 Δp。

密封装置可分为接触式密封和非接触式密封两种类型。涨圈式密封是最常见的一种接触式密封(图 2.24)。涨圈式密封的优点是有效地减小了漏气面积,密封效果好,但是工作时,封严环和涨圈之间有摩擦,适用于线速度不大,或有油的环境,如轴承机匣的挡油封严。压气机的级间封严主要采用非接触式密封。

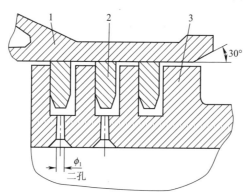

图 2.24 涨圈式密封
1—封严环;2—涨圈;3—涨圈座。

在保证压气机安全工作的前提下,减小工作叶片叶尖与机匣之间的间隙是减少漏气面积的有效措施之一。正确地选择最小的安全间隙是一个复杂的问题。它与零件的制造精度、转子与机匣的刚性、工作时各零件的热膨胀的协调性

有着密切的关系。当前在有些发动机上,除采用双层机匣保持内机匣的圆度外,还有以下措施:在压气机转子组装好后,用专用的磨削机将转子叶尖整体磨削一次,既可以提高转子的平衡性,也保证了转子外圆均匀一致;在有的发动机上,在机匣内壁上敷以易磨涂层,转子叶尖处敷以耐磨材料,装配时将转子作为磨轮在机匣内磨削出一个同心圆,保持叶尖间隙均匀;还可以选择线膨胀系数较小的机匣材料。

篦齿封气装置是减少压气机级间倒流损失的常用装置。篦齿密封是非接触式密封,它可以从减少漏气面积和减少压力两个方面减少漏气损失。这种封气装置由篦齿所形成的若干个空腔组成。在每一个空腔中,气体由于涡流与壁面撞击,速度滞止接近于零。当气体由一腔流向另一腔时,由于膨胀气流压力降低,比容增大。根据流过每个缝隙的流量相同的条件,经过每个缝隙的速度是逐级增大的。

显然,封气装置两侧总的压差 $p_0 - p_2$ 没有变化,但是,由于相邻空腔的压差减小(如 $p_i - p_{i+1}$),因此漏气量减少了。

根据上述篦齿封气装置工作原理分析,可以看出:

(1) 在篦齿封气装置处漏气总是存在的。为了保持低压区的压力,低压区必须不断排气。

(2) 随着封气装置后气体压力的降低,各缝隙处的气流速度是增大的,因而漏气量也增大。当压力降低到某一值后,由于最后一级缝隙气流速度达到声速,若高压区气流参数不变,则这时的漏气量达到最大值。这时的压力称为临界压力,用 p_{cr} 表示。

(3) 在一定的压差下,随着篦齿齿数的增多,相邻空腔的压差减小,因而漏气量减少。但是,对于一定尺寸的封气装置,有一最有利的齿数。齿数过多,由于空腔过小,节流效果变差,漏气量反而增多。所以在轴向尺寸一定的条件下,为了增加齿数,采用了多道篦齿封气装置。

综上所述,封气装置用来减小漏气损失,提高压气机效率,其结构形式的选择主要取决于漏气两端的压差。压差小时,如级间的封气处,可以采用减小间隙和少齿的篦齿封气装置;压差大时,如转子前、后端面卸荷腔处,就需要采用多齿的篦齿封气装置和其他措施。

2) 防喘振装置

为了改善压气机的工作特性,扩大稳定工作范围,在现代高增压比的轴流式压气机上均安装有防喘振装置。防喘装置由放气机构、进口可转导流叶片和可转整流叶片、可变弯度的进口导流叶片和机匣处理等组成。

(1) 放气机构。把空气从压气机中间级放出是改善压气机特性,扩大稳定工作范围的简单而有效的方法。这种方法的缺点是放气时会使发动机振动和效率降低。

放气窗口的位置依靠试验确定。其位置和数目应使转子叶片前的速度场和压力场不受很大影响,否则会引起叶片剧烈振动甚至折断。因此,放气窗口数目应多且均布在圆周上,或者经过环隙放气。窗口不应位于工作叶片的外端,而应位于整流器的平面内或者是整流器的后面。

放气窗口可以用包在机匣上的弹性钢带束住(图2.25(a))。这种结构重量轻、简单、放气均匀,但封严效果较差。有时也采用节气门式或活门式的放气机构(图2.25(b)、图2.25(c))。它们都是通过液压或气压作动筒来操纵的。在发动机起动和低转速范围内(低增压比时)打开,当接近发动机设计状态时就关闭,所以放气系统的调节器通常都感受转速或者增压比。

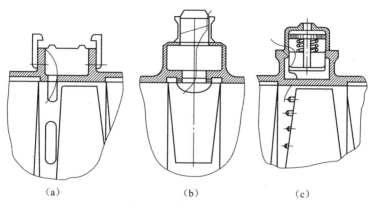

图 2.25 放气机构简图
(a)钢带式;(b)节气门式;(c)活门式。

(2)进口可转导流叶片和可转整流叶片。防止压气机喘振的另一个措施是采用进口可转导流叶片。当压气机在非设计状态工作时,进口可转导流叶片旋转一个角度,使压气机进口预旋量相应改变,这样就可使第一级转子叶片进口气流的攻角恢复到接近设计状态的数值,消除了叶背上的气流分离,避免了喘振现象的发生。在有些发动机上,前几级整流叶片都是可转的。为了保证叶片的旋转,这种整流器的叶片都带有圆柱轴颈,安装在机匣的轴承座内。连接强度由榫头的尺寸和支承凸台的结构保证。配合处的密封性依靠小配合间隙和端面接触来保证。可转叶片由固定在机匣上的作动筒来操纵。作动筒的操纵杆带动操纵环转动,借摇臂带动该级全部整流叶片转动一个相应角度。由于操纵环在机匣外部,因此这种方案称为外操纵方案。可转整流叶片均采用外操纵方案。由于摇臂是在纵向平面内摆动,操纵环是在横向平面内转动,因此在摇臂和操纵环的连接处不仅要保证两者之间的传动,还要解决两者的运动不互相干涉(图2.26)。进口可转导流叶片系安装在压气机进口处,所以叶片通常都有两个支座,操纵机构可安置在机匣内,这种方案称为内操纵方案。

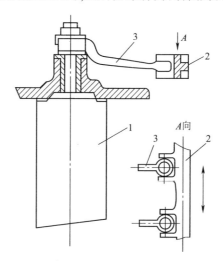

图 2.26 用操纵环和摇臂操纵的可转整流叶片
1—整流叶片;2—操纵环;3—摇臂。

(3) 可变弯度的进口导流叶片。可变弯度的进口导流叶片由前、后两段组成。前段固定,保持气流轴向进入,后段铰接,可连续调节,保证转子叶片最有利的进入角。

(4) 机匣处理。为了避免在叶尖处产生旋转失速,利用吹气和放气来控制附面层是非常有效的。但是试验过程中发现,即使放气量为零,只要在风扇和压气机转子外侧的机匣内表面上采用一些特殊的结构措施,就能使失速裕度大大改善。目前常见的结构措施有:在机匣内壁上加工成环槽、斜槽或者安装蜂窝结构环。带有这类结构措施的机匣称为机匣处理。

2.2.3 离心式压气机结构

轴流式压气机优于离心式压气机的主要点是增压比高、效率高、外廓尺寸利用充分。直升机对动力装置的首要要求是发动机结构简单、安全可靠、成本低、维护方便。对于外廓尺寸的要求没有那么严格,同时对涡轴发动机来讲,决定发动机最大外廓尺寸的部位往往不是压气机,而是减速器机匣处。

此外,随着空气流量的减小,由于气流通道尺寸减小,使得轴流压气机的漏气损失、附面层损失、二次损失、尾迹损失显著增大,压气机效率大大降低以至在小流量的条件下,离心压气机的效率并不比轴流压气机的逊色。

小发动机径向尺寸小,为了保持一定的圆周速度(即做功能力),转速比大发动机高得多,在结构设计时出现了高速转子的临界转速问题。采用离心压气机后,轴向尺寸可以缩短,加上回流式燃烧室配合,使得发动机转子支点跨度大大减小,为解决上述问题提供了条件。

由于涡轴发动机的转速很高,从发动机的结构特点来看,压气机广泛采用离心式压气机和轴流级加离心级的混合压气机,燃烧室广泛采用回流式燃烧室。在涡轴发动机上广泛采用离心式压气机和混合压气机是由于涡轴发动机的技术要求和离心式压气机的特点所决定的。离心式压气机的结构如图2.27所示。

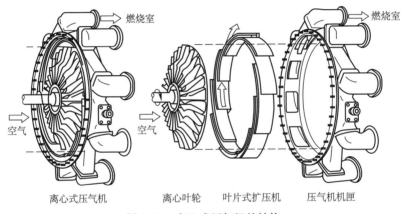

图 2.27 离心式压气机的结构

当压气机增压比需要进一步提高时,可以采用双级离心式压气机,但是目前更多的是采用混合压气机。这种组合方案综合了轴流级的灵活性和离心级的简易性,有着更大的发展潜力。目前很多国家的涡轴发动机都是在原型机的基础上,在发动机的前面增加轴流级的级数来增大空气流量和增压比,从而提高功率、扩大使用范围、降低油耗和改善经济性。另外,当离心级技术进一步提高时,也可以减少轴流级级数,以减轻发动机重量。

1. 离心叶轮

离心叶轮是一个高速旋转对气流做功的组合件。它的工作条件与轴流压气机转子相似,它们有相同的设计要求和分析重点。

根据离心叶轮叶片的形式,叶轮可以分为直流式、前弯式和后弯式三种基本形式。在航空发动机上,离心叶轮叶片早期采用直流式,目前多采用S形。它兼有前弯式做功能力强和后弯式出口流场均匀的特点,有着较好的性能。此外,出口处叶片后弯使叶轮反力度增大,对减轻扩压器负荷也有好处。

在早期航空发动机上,为了增大空气流而采用双面进气的离心式压气机(图2.28)。由于当时工艺水平不高,离心叶轮的进口部分和本体部分分开制造,然后用螺柱连成一体(图2.29)。前者称为导风叶轮,后者称为工作叶轮。为了保证导风叶轮与工作叶轮端面压紧,以免导风叶轮工作时可能出现危险性振动,故将导风叶轮紧贴工作叶轮的表面加工成锥形,螺母拧紧后,导风叶轮变形在叶尖形成 0.3~0.5mm 紧度,中心留有一定间隙。导风叶轮与轴的定心依靠圆锥面,以消除工作时两者的变形差,保证定心面始终保持一定紧度,定心不遭破坏,且装配方便。目前,航空发动机采用的离心叶轮由于工艺水平提高都是整体结构,整个锻件在多坐标仿型数控机床上直接加工成型。为了保证离心叶轮与轴良好地定心和可靠地传扭,在叶轮与轴的连接端面上加工成圆弧端齿,用中心拉杆将它们连成一体,依靠它们的啮合实现定心和传扭。

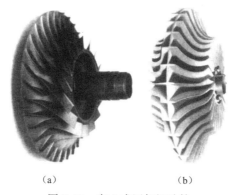

(a)　　　　　　　　(b)

图 2.28　离心式压气机叶轮

(a)单面 S 形叶轮(长短叶片相间);(b)前弯式双面叶轮。

2. 扩压器

扩压器用来将经离心叶轮加速后的高速气流的动能转变为压力能。扩压器的气流通道为扩散形,一般由径向和轴向两段组成。扩压器最常见的形式有两种:管式扩压器和叶片式扩压器。

管式扩压器由进口分流环、扩压管和出口整流器组成(图2.30)。分流环为一较厚的圆环,焊接在燃烧室外壳前端内侧的锥形支板上,环上开有特型孔,这些孔的中心线与叶轮出口气流的绝对速度方向相适应,扩压管的进口就插在特型孔中。扩压管为喇叭形,气流经过扩压管的扩散通道速度降低,压力升高,并且流动方向由径向转变为轴向。在扩压管出口处,在燃烧室外壳上安装有出口整流器。它由整流叶片组成,用来使出口气流流场更加均匀。

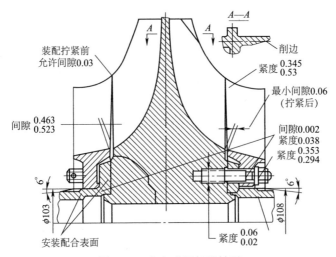

图 2.29 离心式压气机转子

图 2.31 所示为叶片式扩压器，由前盖、叶片和腹板组成，分成径向和轴向两段。叶片与腹板做成一体，前盖钎焊在径向段的叶片上，构成扩压器组件，借前盖安装座固定在压气机机匣上。扩压器扩散通道的形状通过叶片型面决定，叶片由靠模铣削成形。

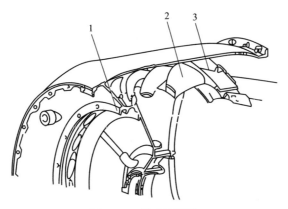

图 2.30 管式扩压器

1—进口分流环；2—扩压管；3—出口整流器

由此可以看出，离心式压气机与轴流式压气机虽然形式不同，但分析方法和结构设计的基本原理却十分相似。随着新型发动机的出现，结构设计方案也不断变化，但是这些方法和原理仍然是有用的。当然，结构设计的基本原理也不是一成不变的，它也随着结构设计的要求和工作条件的不同而改变。

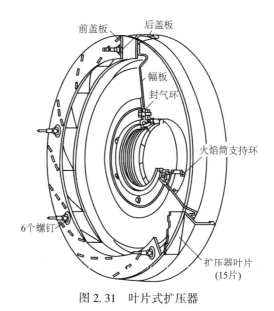

图 2.31 叶片式扩压器

2.3 燃烧室

2.3.1 概述

燃烧室(又称主燃烧室)是发动机的重要部件之一。燃烧室将燃油中的化学能转变为热能,将压气机增压后的高压空气加热到涡轮前允许的温度,以便进入涡轮和排气装置内膨胀做功。

在燃气涡轮发动机的热力循环中,燃烧室完成加热过程。发动机的可靠性、经济性和寿命在很大程度上取决于燃烧室的可靠性和有效程度。燃烧室的技术水平对发动机的性能、结构设计方案和重量有重要影响。例如:燃烧室出口温度和出口温度场的均匀程度都会直接影响涡轮叶片的工作寿命;燃烧室燃烧的稳定性直接影响发动机工作的稳定性,燃烧室熄火就会导致发动机停车;燃烧效率的高低不但影响发动机的燃油消耗,也会影响发动机的污染物排放;燃烧室的高空点火性能会影响空中熄火后发动机再次起动的性能;等等。

因此,对燃烧室的要求有:①点火迅速可靠。发动机在地面起动点火和在空中熄火后再次点火时,要求燃烧室能可靠地点火,以便迅速起动并转入正常工作。②燃烧稳定。燃烧室在点燃以后,要求在规定的各种飞行条件和工作状态下都能稳定地燃烧,火焰不会被吹熄。③流动损失小。气流流过燃烧室时,由于存在着流动损失和热阻损失,使总压降低,导致气体膨胀做功能力减小,因此应尽量减小总压损失。④燃烧完全。燃料燃烧得越完全,燃烧效率越高,燃气的膨胀做功能力越大,发动机经济性越好此外,还有出口温度场品质好、排气污染物要少、结构紧凑、重量轻、寿命长、可靠性高等要求。

2.3.2 燃烧室的基本类型

目前,燃烧室的形式虽然很多,但是,为了满足燃烧室的基本功能,都采用了扩压减速、空气分股、反向回流、非均匀混合气等基本措施。在燃烧室条件非常恶劣的情况下,在燃烧室局部区域造成低流速和略微富油的优势环境,再利用两股气流进行补燃和降温,以保证燃烧稳定、完全和对出口温度的要求。在结构上,为了保证上述基本措施的实现,燃烧室都是由进气装置(扩压器)、壳体、火焰筒、喷嘴和点火器等基本构件组成,根据主要构件结构形式的不同,燃烧室有单管(分管)(图 2.32)、环管(联管)(图 2.33)和环形(图 2.34)三种基本类型。

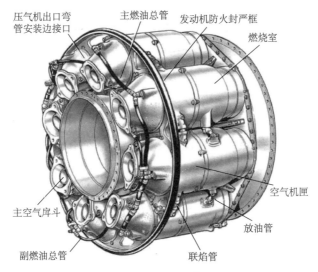

图 2.32 单管燃烧室

单管燃烧室由火焰筒、喷嘴及外套组成,燃烧是在火焰筒内进行的。通常在发动机上安装有数个这样的燃烧室。在环管燃烧室中,所有的火焰筒都包含在一个共同的外壳内。单管和环管燃烧室多用于涡喷发动机和空气流量大的涡轴发动机上。在环形燃烧室中,火焰筒截面的形状是一个环抱发动机轴的圆环。环形燃烧室又可分为直流环形、折流环形和回流环形三种。下面主要介绍环形

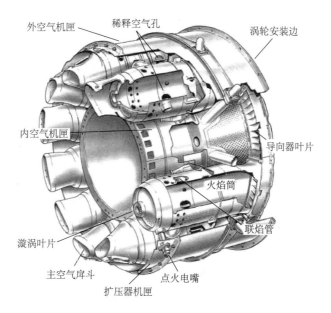

图 2.33 环管燃烧室

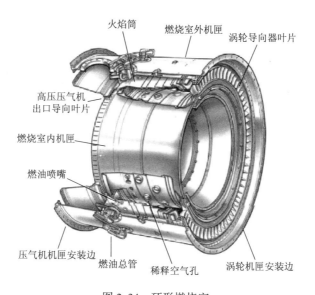

图 2.34 环形燃烧室

燃烧室的原理和构造。

环形燃烧室的结构特点:燃烧室的内、外壳体构成环形气流通道,通道内安装的是一个由内、外壁构成的环形火焰筒(图 3.25),因而燃烧是在环形的燃烧区和掺混区内进行的。

环形燃烧室的优点:环形燃烧室的燃烧好,总压损失小,燃烧室出口流场及温度场分布均匀;燃烧室结构简单,重量轻,耐用性好;火焰筒表面积与容积之比较小,因而需要的冷却空气量比较少;燃烧室的轴向尺寸短,有利于减小转子的跨度和降低发动机的总体重量。但由于大型发动机环形燃烧室的研制需要大型实验设备,使得这种形式的燃烧室在大型发动机上应用最晚。

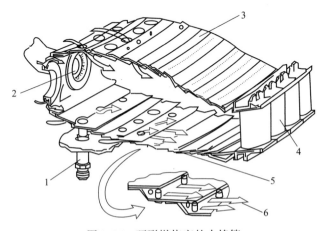

图 2.35　环形燃烧室的火焰筒
1—点火电嘴;2—燃油喷嘴安装孔;3—火焰筒内壁;4—涡轮导向器;5—火焰筒外壁;6—气膜。

2.3.3　燃烧室的结构

燃烧室的结构类型虽多种多样,但从共性上看,它们都是由扩压器、燃烧室壳体、火焰筒、燃油喷嘴、点火器等组成。

1. 扩压器

扩压器的功用是降低从压气机流出的气流速度,以利于组织燃烧。气流在扩压器的扩张形通道里减速增压。一般扩压器进、出口截面积之比 F_{om}/F_m = 3.0~5.5,使气流速度由压气机出口处的 120~180m/s 降低到 30~50m/s。环形燃烧室扩压器还起到内、外侧的两股气流分配作用。此外,飞机或发动机所需的引气通常也取自扩压器。

气流在扩压器中的压力损失约占燃烧室总压力损失的 1/3,扩压器长度约占燃烧室总长度的 1/4。因此,合理设计扩压器对于改善燃烧条件、改进燃烧室性能、减少燃烧室尺寸和重量有着重要的意义。

2. 燃烧室壳体

燃烧室壳体用来构成两股气流通道。在环管燃烧室和环形燃烧室中,燃烧室壳体由内、外壳体组成。在一级扩压式的燃烧室中,扩压器是燃烧室壳体的一部分。

环管燃烧室和环形燃烧室的内、外壳体是薄壁零件,通常都是发动机的主要承力构件,承受轴向力、径向力、横向力、扭矩、振动载荷和热应力等,受力非常复杂。因此在结构设计中,必须保证壳体具有足够的强度和刚性。由于外壳体直径很大,抗横向弯曲的刚度一般较强,因此考虑刚度时要注意保证径向刚度,防止由于壳体被压扁,变成椭圆形而失去稳定性。对于壁特别薄的内壳体,要特别注意保证径向刚度。因为受压的壳体更容易失稳,实践中就曾发生过因轴承机匣被压扁而造成严重故障。目前,除了在选择壳体材料和确定适当的壳体厚度方面,还要对壳体中刚性差的部位采用加强措施,采用径向加强筋是一种常用的有效方法。图 2.36 所示为一些发动机燃烧室内机匣的径向加强筋实例,这些加强筋主要是径向加强刚度,因而用在圆柱段上。

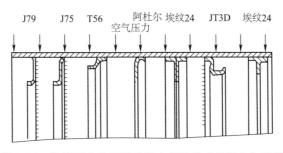

图 2.36 燃烧室内机匣圆柱段上各种形式的径向加强筋

若需要在径向和轴向都有加强作用时,可采用封闭式的加强筋,如图 2.37 所示。这种类型的加强筋可用在同时受轴向力和内压力的曲线形壳体的转接段上,但封闭腔须加通气小孔,以均衡腔内、外气体压力。加强筋通常用钣材焊接在燃烧室内机匣的内表面。在加强筋腹板上开孔是为了减轻机匣质量。许多发动机燃烧室的内、外壳体的前、后端都有安装边,用专门的连接件连接起来,组成盒状结构,对保证刚性也有很好的作用。另外,对高温部位还应采取隔热和散热措施。

在发动机上,燃烧室壳体往往是管路及各种安装座最集中安装的地方。由于燃烧室工作在高压、高温气体中,又有许多管路、支杆和点火器等组件穿过壳体与燃烧室内部相通,在贯穿处应防止过定位,保证热补偿和密封。为了防止在起动过程和停放期间燃烧室内积油,燃烧室壳体下部一般有漏油装置。

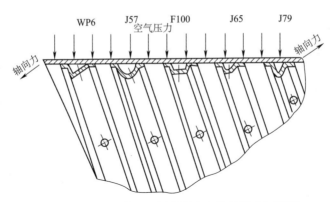

图 2.37　燃烧室内机匣圆锥段上各种封闭式加强筋

3. 火焰筒

火焰筒是燃烧室的主要构件,是组织燃烧的地方,由火焰筒筒体和涡流器等组成。

1）火焰筒筒体

火焰筒筒体按其制造方法,可分为机械加工和钣金焊接两种类型;按其冷却散热方式,又可分为散热片式和气膜式。

早期的发动机采用的是散热片式火焰筒。这种火焰筒是在铸造或锻造毛坯外表面上机械加工出纵向的散热片,通过增加火焰筒筒体与火焰筒外二股气流的接触面积来加强筒体的散热,降低筒体温度。实践表明,这种类型的火焰筒散热方式效果非常有限,而且火焰筒重量大、费工、费料,因此已经被淘汰。

图 2.38 所示的火焰筒是气膜式火焰筒,由若干段钣金原材焊接而成。这种火焰筒在工作时,因有一股气流沿火焰筒内表面流动形成气膜而得名。

目前在大中型发动机的环形燃烧室上,已经广泛采用机械加工成形的气膜式火焰筒(图 2.39)。这种类型的火焰筒可以更合理自如地设计二股气流的流动通道,进一步提高气膜式火焰筒的散热效果,满足现代发动机燃烧室高容热强度的要求(图 2.40),同时火焰筒壁面的周向刚度均匀且得到了加强。

图 2.41 所示的火焰筒为一种新型火焰筒,已被许多先进发动机采用,称为浮动壁式火焰筒。其主要特点有:采用整体式铸造扩压机匣;扩压器为二级扩压,一级扩压段内有支柱叶栅;气动式燃油喷嘴能使燃油均匀雾化;火焰筒内、外壁的内侧分别由蝶形浮动片组成的浮动环将高温燃气与火焰筒的内、外壁隔开,火焰筒的内、外壁与浮动片之间是冷却气流通道;火焰筒头部有隔热屏,能有效进行隔热和冷却,延长火焰筒疲劳寿命。具体这种火焰筒的燃烧室具有极好的

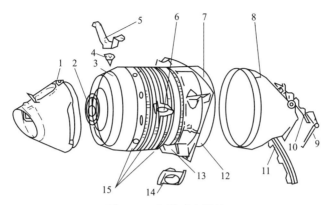

图 2.38　气膜式火焰筒

1—鱼形嘴进气口；2—涡流器；3—固定槽；4—固定销；5—火焰筒支撑托架；
6—传焰管固定部分；7—挡气板；8—燃气导管；9—止动销；10—外扇形板；
11—内扇形板；12—火焰筒筒体；13—导流片；14 传焰管滑动部分；15—波纹隔圈。

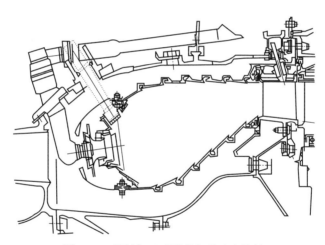

图 2.39　机械加工成形的气膜式火焰筒

点火特性和均匀的出口温度场，能够防止积炭，提高燃烧效率。

2）涡流器

涡流器在火焰筒前端，其功用是形成火焰筒头部的回流区，降低气流速度，在火焰筒头部形成稳定的火源，保证燃烧室稳定工作。涡流器有叶片式和无叶片式两种。

叶片式涡流器在非蒸发管式燃烧室中广泛采用。它由内、外环和叶片组成，气流经过叶片后围绕着涡流器轴线产生强烈的切向旋转气流。大多数涡流器的

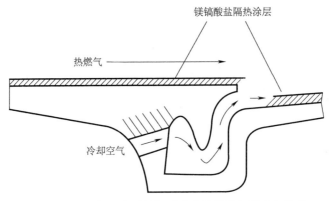

图 2.40 机械加工成形的气膜式火焰筒的加强冷却效果
（双路气流减少散热端热应力）

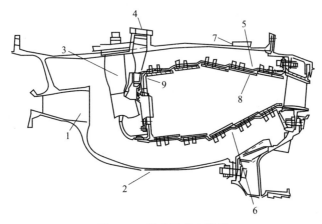

图 2.41 浮动壁式火焰筒

1—20 片支柱叶栅；2—整体式铸造扩压机匣；3—20 个浮动式燃油喷嘴；4—定位角；
5—火焰筒外壁；6—火焰筒内壁；7—孔深口；8—蝶形浮动片；9—全屏蔽头部。

叶片是径向排列的，如图 2.42 所示，也有周向排列的，如图 2.43 所示。

图 2.42 所示的涡流器是精密铸件，由内、外环叶片和折流环组成。喷嘴装在内环中，折流环位于叶片后缘，将涡流器出口的一部分空气引向喷嘴附近，使靠近喷嘴的周围形成贫油区。实验证明，碳粒生成主要在喷嘴附近的局部富油区内，因此，带有折流环的涡流器可以减少发动机的冒烟和对大气的污染。为了减少热应力，在折流环上加工有 4 条周向均匀分布的膨胀槽。

非叶片式涡流器是利用气流经过非流线通道之后产生低速回流区，或经过

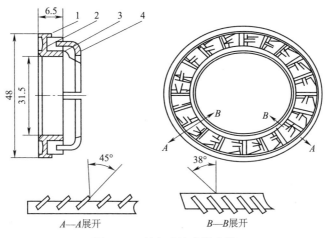

图 2.42 径向叶片式涡流器
1—外环;2—叶片;3—内环;4—折流环。

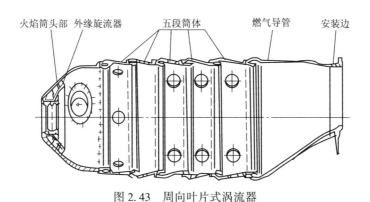

图 2.43 周向叶片式涡流器

多孔壁后产生低速回流区。与叶片式涡流器相比,气流无切向速度或切向速度很小。

图 2.44 所示的非叶片式涡流器是一个机械加工件,喇叭形涡流器借助 6 个径向支板焊接在火焰筒头部上。空气经喇叭外缘 1mm 的环形间隙流入,由于通道突然扩张形成回流区。进入斜孔 A 的气流分成两部分:一部分空气 A_1 用来形成气膜冷却和吹除涡流器内锥面上的积炭;另一部分空气 A_2 用来使喷嘴附近贫油,以减少发动机冒烟和对大气的污染。另外,还有一股空气 B 用来冷却喷嘴。这种涡流器结构比较简单,但回流区较小,稳定工作范围较窄,燃烧效率比较低。

非叶片式涡流器还有另一种形式,称为多孔壁式涡流器。它没有专门的涡流器零件,在火焰筒头部冲制成专门的缝隙和孔,起着涡流器的作用。这种涡流器广泛用在带离心甩油盘的折流式环形燃烧室中。

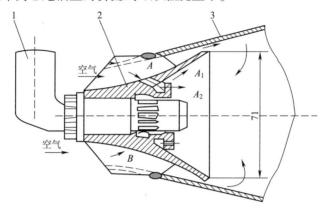

图 2.44　非叶片式涡流器

1—喷嘴;2—喇叭形涡流器;3—火焰筒头部。

3）火焰筒筒体的进气和冷却

火焰筒筒体按其功能可分为三段:头部、筒体和燃气导管。

火焰筒头部的功能是加速混合气的形成,保持稳定的火源,需要局部略微富油,因此只有一小部分空气(约 20%～30%)从头部进入,如图 2.45 所示。

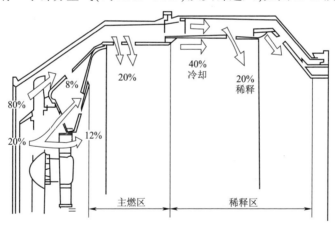

图 2.45　发动机气流分配示意图

火焰筒的筒体(中段)是主燃烧区,其功用是加快油气混合气的燃烧过程,保证完全燃烧。约 20%～30% 的空气从这里进入火焰筒,前半部分进来的空气进行助燃,后半部分进来的空气进行补燃。燃气导管的作用是降低高温燃气的温度,使涡轮能够承受,并形成均匀的温度场;对于环管形燃烧室来说,燃气导管还用来将圆形通道变成扇形,这样各个火焰筒的出口便围成一个环形的气流通道。约50%~60%的空气是从燃气导管和火焰筒筒壁上的冷却气膜孔进入火焰筒的,它们的作用是降低燃气和火焰筒筒壁的温度。火焰筒往往是发动机寿命比较短的部件。为了延长火焰筒的寿命,对火焰筒进行有效的冷却并且节省冷却空气始终是一项非常重要的设计要求。

筒体上的进气孔和冷却气膜孔有不同的形式,如图2.46和图2.47所示,其形状、大小、数量和分布取决于组织燃烧的需要和涡轮前燃气温度的要求。火焰筒是燃气涡轮发动机中局部温度最高的部件,工作中要解决热强度、热应力、热腐蚀、热变形和热稳定性等诸多问题。为提高抗振、抗热疲劳强度,孔边应抛光和加强,如加箍套或做成弯边。为加大进气深度,可采用弯边孔和进气斗;为改善受热不均匀,可给大进气孔镶边,或在筒壁上大孔之间开若干小孔。

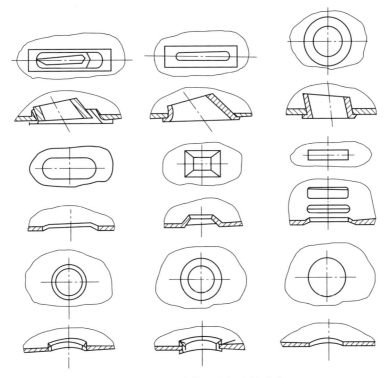

图2.46 火焰筒体上进气孔的形式

关于火焰筒筒体各部分热变形协调问题有两种情况:一是相互固定的零件,要允许在受热时能同时膨胀而不互相约束,这可采取增加零件柔性的措施;二是固定零件与受热件之间应保证受热件能自由膨胀,而不被固定件卡住,整个火焰筒的固定问题必须保证在受热时能自由膨胀,因此只能有一个轴向定位面,其他的连接只起支撑作用。

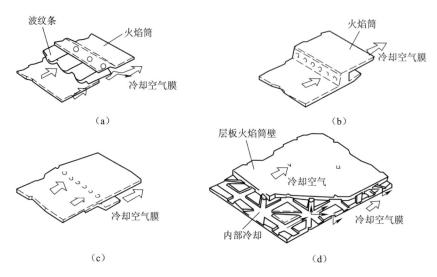

图 2.47　火焰筒体上的冷却气膜孔结构

(a)波纹条冷却;(b)机械加工的冷却环;(c)折流条冷却;(d)蒸发式冷却。

4. 燃油喷嘴

燃油喷嘴的功用是将燃油雾化(或汽化),加速混合气形成,保证稳定燃烧和提高燃烧效率。发动机上采用的燃油喷嘴有离心喷嘴、气动喷嘴、蒸发喷嘴(又称蒸发管)和离心甩油盘等。

1) 离心喷嘴

燃油在油压作用下沿切线方向孔进入喷嘴内腔高速旋转,从喷口喷出时,在离心力作用下雾化,形成旋转的圆锥油雾层(图 2.48),与来自涡流器的旋转气流相撞、混合,形成油气混合气。

在喷嘴喷油口面积不变的条件下,喷嘴出油量与供油压力的平方根成正比。目前燃油泵的最高压力约为 10^4 kPa,若保证燃油雾化的最低压力为 400 kPa,则喷嘴允许的最大供油量约为最小供油量的 5 倍。然而,发动机在各种飞行条件和工作状态下,需用油量的变化范围比上述范围大得多。例如,以低空最大速度飞行(或起飞)时,其供油量约等于在高空以最小速度飞行时的 10~20 倍;如果把起动状态也估计在内,则供油量的变化可达 40~50 倍之多。因此,单油路离心喷嘴不能满足要求,在航空发动机上广泛采用双油路离心喷嘴。

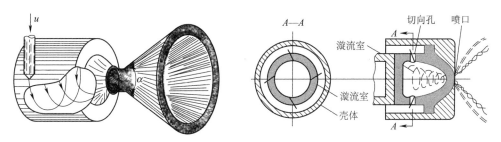

图 2.48 离心喷嘴的工作原理及结构

双油路离心喷嘴的工作原理如图 2.49 所示。喷嘴内有主、副两条油路及相应的环形主喷嘴和中心副喷嘴。当供油量较小时,供油压力较低,仅副油路供油,从面积较小的中心喷嘴喷出;当供油量较大时,供油压力升高,主、副油路同时供油,从主、副喷嘴同时喷出。

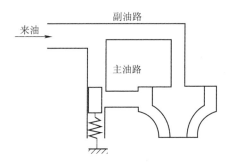

图 2.49 双油路离心喷嘴的工作原理

离心喷嘴可以使燃烧室在宽广的混合比范围内稳定燃烧,其工作可靠、结构坚固、易于调试,所以广泛应用在单管和环管燃烧室上。但离心喷嘴要求供油压力高,存在高温富油区,容易造成发烟污染,而且在不同飞行条件下,燃烧室出口温度场变化较大,环形燃烧室的环形通道与喷嘴的圆锥形油雾也不匹配。因此,随着环形燃烧室的普遍采用和对环境问题的日益重视,这类喷嘴有被气动喷嘴和蒸发喷嘴取代的趋势。

2) 气动喷嘴

气动喷嘴的工作原理是使油膜与高速气流相互作用,在气动力作用下使油膜破碎雾化,快速形成均匀良好的油气混合气。

图 2.50 所示为典型的气动喷嘴,其中图 2.50(a)所示的气动喷嘴的燃油经 6 个切向孔,在喇叭口的内壁面上形成旋转的薄油膜层,在内、外两股高速气流的作用下,薄油膜层碎裂成与空气充分掺混的油雾,进入火焰筒头部。

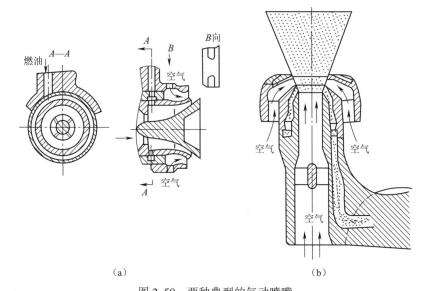

图 2.50 两种典型的气动喷嘴
(a)RB211 发动机燃烧室的气动喷嘴;(b)PW4000 发动机燃烧室的气动喷嘴。

气动喷嘴的优点是:油气混合均匀,避免了主燃区的局部富油,减少了冒烟和积炭;火焰呈蓝色,辐射热量少,使火焰筒壁温较低;气动喷嘴不要求很高的供油压力,而且在较宽的工作范围内,喷雾锥角大致保持不变,所以容易使燃烧室出口温度场分布比较均匀、稳定。气动喷嘴的缺点是:由于油气充分掺混,贫油熄火极限大大降低,使燃烧室稳定工作范围变窄;起动时,气流速度较低,压力较小,雾化不良。

3)蒸发喷嘴

在蒸发式燃烧室内,油气的混合提前在蒸发管内进行。燃油首先喷入处于高温燃气流中的、炽热的蒸发管内,迅速吸热并蒸发为燃油蒸气,与进入蒸发管内的少量空气初步混合成油气,然后从蒸发管喷入火焰筒的主燃区内,与大量空气混合后燃烧。

蒸发管有两种形式,即 T 形和 Γ 形,如图 2.51 和图 2.52 所示。Γ 形蒸发管的出口往往分布在火焰筒的两个主燃孔之间,这种结构不及 T 形蒸发管有两个出口,分别对应布置在火焰筒上主燃孔的位置,可以避免产生局部高温区并能更好地组织燃烧。因此,在 Γ 形蒸发管的基础上发展而来的 T 形蒸发管得到更广泛的应用。

蒸发喷嘴具有与气动喷嘴相似的优点。它的缺点是:燃烧室稳定工作范围

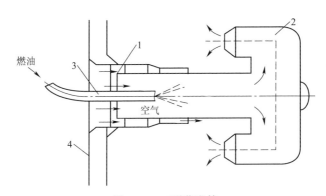

图 2.51　T 形蒸发管
1—支撑环；2—蒸发管；3—喷油管；4—火焰筒头部。

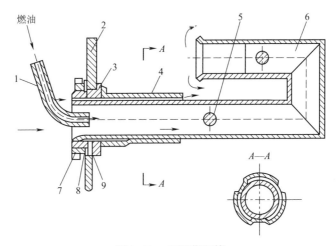

图 2.52　Γ 形蒸发管
1—喷油管；2—火焰筒头部；3—安装座；4—空气套；
5—扰流销；6—蒸发管；7—螺母；8—锁片；9—定位销。

较窄；蒸发管本身冷却较困难；管内预混油气存在自燃问题，需要辅助起动供油系统；等等。因此，蒸发喷嘴在主燃烧室上的应用一度发展缓慢。随着高增压比、高涡轮前燃气温度发动机的日益发展，在整个飞行范围内，在提高燃烧效率、缩短燃烧室长度、解决发动机冒烟等问题上，环形蒸发式燃烧室具有显著的优势。所以，近年来对这类燃烧室的研究又有了较大的进展，不少发动机上采用了蒸发式燃烧室。

4）离心甩油盘

离心甩油盘在高转速、小流量的折流式环形燃烧室中使用。燃油在甩油盘油孔中形成油膜,离开喷口后,由于突然膨胀,油膜破裂成油珠,在气动力作用下,油珠变成更小的油雾和空气混合,进入燃烧区燃烧。阿赫耶等发动机采用了这种喷油装置。

5. 点火器

点火器的作用是在起动时或高空熄火后形成点火源。现代航空发动机要求点火器在三种条件下工作:一是地面起动时;二是发生空中停车时;三是当飞机在暴风雨中或做机动飞行时。在前两种条件下点火时间短,点火能量大,采用高能点火器;后一种点火持续时间长,称为"长明灯"式点火,点火能量小,采用低能点火器。点火性能直接影响发动机工作的安全性和可靠性。当发动机在高空熄火后,压气机处于风车状态,燃烧室进口压力和温度都很低,但气流速度仍然很高。在这样的条件下,要保证可靠的再点火不容易。发动机的点火装置可分为间接点火和直接点火两种。

1) 间接点火

间接点火是先点燃起动喷嘴的燃油,形成小股火焰,然后用小股火焰去点燃工作喷嘴的燃油。点火器由燃油喷嘴、电嘴、氧气管接头和壳体组成(图2.53)。壳体上有4个气流相对的通气孔,孔后是挡片,使气流在挡片后产生涡流,促进油气混合。为了防止燃油直接喷到电嘴上,电嘴在其安装衬套内凹下3.5~4mm,并通过小孔进入空气吹除积炭。点火器形成的小股火焰,通过三通管引燃相邻火焰筒内的工作燃油。这种点火器对于在主燃区的安装位置不太敏感,点火能量大,高空再点火较容易实现。但其缺点是结构复杂,重量较大。

2) 直接点火

直接点火器是用电嘴直接点燃火焰筒头部的混合气的点火装置。随着高能电嘴的发展,电嘴在低电压下放电量大大增加。除不可能直接点火的蒸发式燃烧室和不便直接点火的离心甩油环形燃烧室外,直接点火已得到广泛应用。

图2.54所示为直接点火式点火器结构图。半导体电嘴固定在燃烧室外壳的安装座上,套筒保护电嘴安全通过涵道,电嘴与外涵以及与火焰筒之间用浮动环密封。点火器的安装位置应该使点火源限制在燃烧区内,并能借回流作用在回流区内不断运动,直至火焰遍及整个燃烧区。直接点火器电嘴的位置常安排在火焰筒头部,靠近喷雾锥的外缘、流速较低的地方。发动机的点火器一般为2~4个,在周向的分布可以有不同方案。2个点火器时一般位于燃烧室上方两侧,4个点火器时一般均匀分布。

航空电嘴分为气体放电电嘴、表面放电电嘴(电蚀式和半导体式)和电阻式电热电嘴。

气体放电电嘴的工作原理是在两电极间加上高电压(一般在12kV以上),

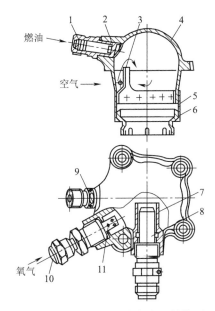

图 2.53 某间接点火式点火器结构图

1—油滤；2—起动喷嘴；3—挡流板；4—点火器壳体；5—点火器裙；
6—球面衬套；7—电嘴衬套；8—电嘴；9—燃油喷油；10—氧气管接头；11—喷氧嘴。

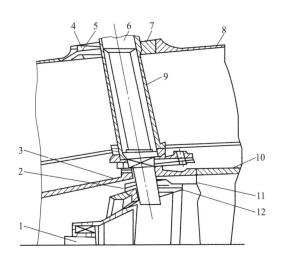

图 2.54 某直接点火式点火器结构图

1—喷嘴；2—安装座；3—险动环；4—卡圈；5—垫圈；6—电嘴；
7—浮动环；8—外壳；9—电嘴外套；10—燃烧室外壳；11—火焰筒；12—浮动环。

击穿空气而产生电火花。它的点火能力对电极间的污物及环境很敏感。

电蚀式电嘴的两个电极由银制成,两级间用绝缘材料隔开,绝缘体表面喷涂着一层银粒子。在 0.6~2kV 的电压下,银粒子电离,使两级间的电阻下降、电流增大,而产生表面放电。电蚀式电嘴对积炭不敏感,不受燃烧室温度和压力的影响。但电嘴寿命短,而且每次点火之前需要一定时间使电嘴"活化"。图 2.55 所示为电蚀电嘴结构图。

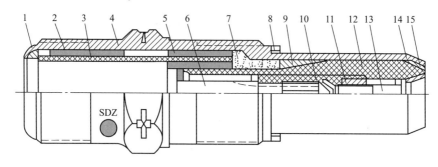

图 2.55 电蚀电嘴结构图

1—垫圈;2—垫片;3—绝缘管;4—壳体;5—耐热水泥;6—接触帽盖;
7—滑石封严胶;8—垫圈;9—衬套;10—导电封严胶;11—螺母;
12—绝缘体;13—芯杆;14—侧电极;15—中心电极。

半导体式电嘴是在中心电极和侧电极之间有半导体的电嘴。它是利用半导体在温度升高时,电阻下降、电流增大而产生电离火花的原理实现点火的。

2.4 涡轮与自由涡轮

2.4.1 概述

涡轮把高温、高压燃气的部分或大多数能量转化为机械能,以带动压气机及发动机附件等旋转做功,是发动机的重要部件。涡轮喷气发动机工作时,燃油燃烧所产生的大部分能量(约为 3/4)被涡轮吸收,用来驱动压气机转子。若是涡轮螺旋桨发动机或涡轮轴发动机,则燃气中 90% 的能量都要被涡轮吸收。在涡轴发动机中,燃气涡轮除指燃气发生器涡轮外,还可包含自由涡轮。

燃气涡轮通常可按燃气流动的方向分为径向式涡轮与轴流式涡轮。径向式涡轮的燃气通常由外围流向中心,所以又称向心式涡轮。它的特点是级功率大、工作可靠性好,对于小流量的涡轮还具有较高的效率,所以在小型燃气轮机中获得了一定的应用。轴流式涡轮的特点是尺寸小、流量大、效率高,适用于大功率的动力装置,其在现代航空燃气涡轮发动机上得到广泛应用,目前航空发动机几乎全都采用轴流式涡轮。本节讨论的都是关于轴流式涡轮的内容。

涡轮有三种形式,它们是反力式涡轮、冲击式涡轮和这两种形式的结合即反力-冲击式涡轮。燃气涡轮发动机上通常用反力-冲击式涡轮。

涡轮的组成包括导向器和工作叶轮,这也就形成了涡轮的一级。导向器引导气体以一定的角度流向工作叶轮。涡轮和压气机都是和气流进行能量交换的叶轮机械,压气机对气体做功,而涡轮是燃气对它做功。它们在结构上有相似之处,都是由很多旋转的叶片和静止的叶片组成,所以都是叶片机。

涡轮在高温、高压燃气的作用下,高速旋转做功,其工作条件恶劣,且工作的好坏又关系到整台发动机的性能。涡轮部件的性能与压气机部件相比,最显著的差异点是工作气体的温度高,级功率大。为使涡轴发动机在尺寸小、重量轻的情况下提高性能,主要的措施之一是采用高的燃气温度。目前涡轮进口燃气温度已高达1800K,远远超过普通碳钢的熔点(1690K),并且在发动机工作过程中,燃气温度又经常发生变化,这样形成的热负荷已成为涡轮部件结构设计的主要问题之一。另外,提高涡轮的级功率也是主要的措施。目前,涡轮的级焓降有的已超过 4.1868×10^5 J/kg,所以涡轮部件(特别是转子零件)承受着很大的机械负荷。

基于涡轮部件具有"热"的特点,无疑给结构设计带来一些新的问题:

(1) 零件材料的选用。涡轮零件的材料必须能适应在高温下可靠工作的要求,也就是它要有足够的高温强度和良好的热安定性,以及耐蚀能力。叶片的材料已成为提高涡轮前燃气温度的决定因素之一。此外,由于这些材料含有的合金元素又多又贵,因此,它们的工艺性与经济性是零件材料选用时考虑的重要因素。

(2) 零组件的结构设计。高温下工作的零组件,往往由于其内部温度的不均匀或不能自由膨胀而产生热应力与热变形,热应力与热变形过大则会影响发动机的正常工作。短时间内热应力的剧增可以导致零件的开裂(称为热冲击),反复作用的热应力与变形可以导致零件的破坏(称为热疲劳)。发动机的起动-加速-减速-停车过程就是典型的较严重的加载循环过程。所以,高温的零组件要求具有均匀的热惯性与良好的热补偿结构。

(3) 零组件的降温。降低零组件的工作温度是提高涡轮部件工作可靠性的关键措施之一。热节流、隔热等是减小传热速度的重要降温措施;而利用流体介质(空气或润滑油等)将热量带走的对流冷却方式却显得更重要些,因为它可以使冷却对象始终保持着较低的温度。所以,可靠、有效的冷却系统已成为涡轮部件的重要组成部分。

　　涡轴发动机一般是由若干个单级涡轮组成的多级涡轮(一般2～5级)。而每一个单级涡轮由一个静止的导向器(静子)和一个旋转的工作叶轮(转子)组成,如图2.56所示。导向器的叶片(称为涡轮导向叶片)安装在两个同心圆环的中间,工作叶轮的叶片(称为涡轮转子叶片)安装在能旋转的轮盘周围。涡轮导向叶片之间和涡轮转子叶片之间的通道都为收敛形,如图2.57所示,其目的是把来自燃烧室的高温、高压燃气的热能转换成涡轮轴上的机械功。

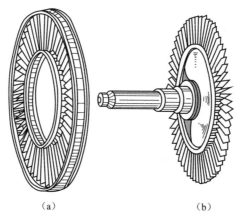

(a)　　　　　　　　(b)

图 2.56　涡轮的组成

(a)导向器;(b)工作叶轮。

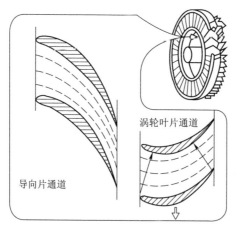

图 2.57　导向片通道和涡轮叶片通道

2.4.2 涡轮的结构

1. 涡轮转子

涡轮转子是涡轮转动部分的总称,由转子叶片、涡轮盘、涡轮轴等零件组成。在多级涡轮中,还有盘间连接零件。它的功能主要是将燃气的动能与热能转换成旋转的机械功,带动压气机等其他部件。涡轮转子作为一个高速旋转的动力部件,必然承受着很大的气体负荷与质量负荷;加上它又被高温燃气所包围,热负荷相当大,所以除转子零组件本身的可靠性应予以重视外,盘与轴、盘与盘、转子叶片及其与轮盘的连接问题也非常重要。

1)盘与轴的连接

盘轴连接处传递的负荷很大(包括扭矩,转子重量、惯性力及不平衡力引起的弯矩,机动飞行时的陀螺力矩,气体轴向力以及由于转子的不平衡、燃气压力脉动等原因造成的振动负荷),尤其对于悬臂式转子,有时陀螺力矩很大。此外,在多数情况下,盘轴连接处是涡轮向轴承传热的必经之路,它的结构直接影响轴承工作条件的改善。盘与轴的连接通常可以分为不可拆式与可拆式两种。

2)盘与盘的连接

在多级涡轮中,盘与盘连接的设计要求除了应有足够的强度与刚性、可靠定心外,还要考虑级数与连接部分较多这一情况对整个涡轮转子的影响。为了减小热应力,通常对整个转子的轴向与径向采用热补偿措施;为了便于装拆,盘与盘的z接方案应与静子部件的结构形式协调;为了减小涡轮径向间隙和转子的振动,对于悬臂式转子的刚性应予以足够的重视。盘与盘的连接通常可以分为不可拆式与可拆式两种。

3)转子叶片及其与轮盘的连接

涡轮转子叶片是把高温燃气的能量转变为转子机械功的重要零件。工作时,它不仅被经常变化的高温燃气所包围,而且还承受了因高速旋转产生的巨大离心力、气体力和振动负荷等。此外,它还要经受由高温燃气引起的腐蚀和侵蚀,因而涡轮转子叶片的工作条件是很恶劣的,它是决定发动机寿命的主要零件之一。

涡轮转子叶片与轮盘几乎都是分开制造的。叶片与轮盘制成一体的方案采用不多,因为温度较低的轮盘不需要采用与转子叶片一样的优质材料,且叶片加工测量较困难。涡轮转子叶片以前多采用高温、高强度的耐热合金锻件,经机械加工制成。由于这种叶片工艺性太差,叶片的型面与几何形状均受到一定的限制。目前,随着高温铸造合金的发展,涡轮转子叶片多采用精铸抛光制造,从而大大简化了工艺,结构也更合理。

转子叶片由叶身和榫头两个基本部分组成。

(1)叶身。转子叶片的叶身结构原则上与压气机叶片的要求相类似,由于涡轮级中转换能量大(即气流速度高,折转角大,从而气动力大),因此涡轮转子叶片的叶型剖面弯曲度大,叶身较厚,并且沿叶高的截面变化也较明显。在叶尖部分(包括叶身上部与顶端)通常有一些特殊结构,如叶尖"切角"、叶顶带冠、环形护圈等。

(2)榫头。涡轮转子叶片榫头承受的负荷较大,在现有构造中,一个叶片根部要承受的离心力高达100~150kN。此外,榫头处于高温下工作(可达600~700℃),材料的力学性能大大地降低。因此涡轮转子叶片榫头的连接,除了与压气机中所提的要求相同外,还应该特别注意:①允许榫头连接处受热后能自由膨胀,以减少热应力;②榫头的传热性要好,使叶片上的热量容易散走。

在现代航空燃气涡轮中,广泛使用枞树形榫头,如图2.58所示。它的两侧有对称分布的梯形齿,作为榫头的支承表面,在轮缘上相应地有同样型面的榫槽。在叶片离心力和弯曲力矩的作用下,榫齿承受剪切和弯曲,榫齿的工作表面承受挤压,榫头各截面承受拉伸。榫头上的齿数通常取决于叶片离心力的大小与榫齿的结构形式。值得指出的是,这种榫头连接是一种多齿型结构,各对榫齿上所受载荷是否均匀应取决于叶片榫头与轮盘榫槽间的相对变形,所以,各榫齿间刚性的相对分布、材料的物理性能(如线膨胀系数、高温下的塑性程度等)以及制造误差等都对各齿载荷的均匀性有影响。故一般齿数不宜过多。

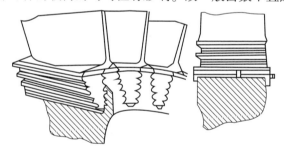

图2.58 用枞树形榫头固定的涡轮转子叶片

枞树形榫头的承载面积大,承拉截面的强度接近相等,叶根与轮缘部分的材料利用合理,因此这种榫头的重量较轻。榫头在轮缘所占的周向尺寸较小,因而在轮盘上可安装较多的叶片。这种榫头可以有间隙地插入榫槽,允许榫头与轮缘受热后自由膨胀。可以利用榫头的装配间隙,通入冷却空气,对榫头和轮缘进行冷却,装拆及更换叶片方便。

枞树形榫头的叶片和轮缘榫齿间圆角半径较小,应力集中现象严重。枞树形榫头对加工精度要求高,否则各齿受力不均匀,受力最大的榫齿容易破坏,但该处温度较高,如果选用具有良好塑性的材料,工作时会产生塑性变形,从而使应力重新分布反而改善了榫头的工作条件。

由于枞树形榫头连接的优点十分突出,因此,在现代航空涡轮中普遍采用这种连接方式。

叶片在盘上槽向固定的方式如图2.59所示。它们的特点:一是由于榫槽方向相对于旋转轴线均较平直,叶片离心力的槽向分力较小,因此槽向固定较为简单,广泛采用各种锁片与铆钉;二是利用槽向固定的结构,对冷却空气进行导流(图2.59(c))。

叶身和榫头间可以借助底座进行连接(图2.59(a)),但更多的是通过底座及中间叶根进行连接(图2.59(b)、(c))。中间叶根的横截面通常做成长方形或工字形。显然,带有中间叶根的榫头能减少叶片对轮盘的传热量,并可以通入冷却空气进行强迫冷却,这将大大降低叶根、榫头和轮缘的温度,减小盘内的热应力;而且中间叶根还可以使叶身与底座转接处的不均匀应力不直接传给榫头,改善了榫头应力分布的不均匀度,尤其使榫头第一对齿的受力得到改善。但是,采用中间叶根进行连接的方式有使叶片重量增大与叶片数目受限的缺点。权衡利弊,优点更突出,故近代发动机上大多采用中间叶根进行连接的方式。

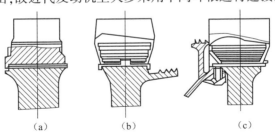

图 2.59 涡轮工作叶片槽向固定的方法

2. 涡轮静子

涡轮静子由涡轮机匣(也称涡轮外环或涡轮壳体)、导向器及涡轮的支承与传力系统组成。没有离心载荷,涡轮静子强度问题不大,可是由于"热"的作用,涡轮静子与压气机静子相比,存在着较大的差异。除了采用具有良好高温性能的材料,以保证零组件在高温下安全可靠地工作以外,在结构设计时,热应力、热变形、热定心以及热冲击、热疲劳等问题已成为突出的问题。

1) 涡轮机匣

涡轮机匣通常是圆柱形或圆锥形的薄壁壳体,除固定导向器外,还借前后安装边分别与燃烧室及喷管(或加力燃烧室)连接,用于传递相邻部件的负荷,因此涡轮机匣是发动机承力系统的重要构件。涡轮机匣上作用有扭矩、轴向力、惯性力和内外压差。同时,有的机匣还直接或间接地构成了燃气通道的壁面,因此在工作时,受力、受热产生的变形和转子的振动与偏摆,以及零组件的制造误差等都会对叶尖径向间隙有影响,所以间隙的取值非常困难。

为了保证涡轮可靠而高效地工作,涡轮机匣在高温下如何保持足够的刚性、避免翘曲变形、保持与转子之间合理的径向间隙等问题已变得更为突出。

对涡轮机匣结构设计的基本要求是:

(1) 尽可能减小涡轮叶尖径向间隙,以提高涡轮效率,但又要保证工作时转子与静子不致碰坏。

(2) 既要保证机匣具有足够的刚性,又要减轻机匣重量,并便于装配。

(3) 工作时,机匣相互间要能很好地热定心,转子与静子之间能保持良好的同心度。

制造涡轮机匣的材料通常采用耐热合金钢。涡轮机匣的加工工艺对耗材、成本与生产率影响很大。离心铸造或锻造后经机械加工的方法既费材料又费工时,生产率低,有的发动机的涡轮机匣采用板料焊接后再与经机械加工的安装边焊成一体(图2.60(a)、(b)),有的采用轧压方法制成(图2.60(c))。这种方法材料耗损少,生产率高,且疲劳强度好。

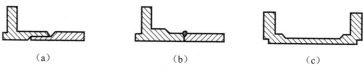

图 2.60 涡轮外环剖面图

(a)带有搭接焊的安装边;(b)带有对接焊的安装边;(c)轧压制成的涡轮外环。

2) 涡轮导向器

涡轮导向器是由内、外环和一组导向叶片组成的环形静止叶栅。燃气通过导向叶片的收敛形通道时,速度增加,压力及温度下降,气流方向也有改变。因此,涡轮导向器的功用是使气流的部分热能转变成动能,并以一定的方向流出,推动工作叶轮做功。

(1) 导向器的设计要求。虽然导向器是静止件,但其工作条件却十分恶劣。导向叶片除受有较大的气动力与不稳定的脉动负荷外,还处于高温燃气的包围之中,温度高,冷热变化大,温度不均匀很严重,尤其对于第一级导向叶片来说更加明显。起动—停车引起的热冲击和热疲劳现象往往成为导向叶片的主要故障之一。由于叶片前、后缘较薄,热惯性较小,因而受热速度快,这导致在导向叶片内产生很大的温度梯度,使前、后缘产生很大热应力,反复作用就会出现热疲劳(一种低周疲劳)裂纹。

针对这些工作条件的特点,导向器的设计要求为:

① 在高温工作时,导向器应具有足够的强度与刚性,以保证导向叶片的工作型面、安装角、叶栅间距、排气面积等参数能符合设计要求。

② 减小导向器中的热应力。例如,采取措施从而允许高温零件(特别是导向叶片)自由膨胀。

③ 导向叶片不作传力件,如果内外环间需要设置传力件,通常要使它与高温件分开。

④ 导向器通常做成可分解的,这样便于制造,损坏的叶片也易更换。

导向器组合件同样也应该结构简单可靠,装拆方便,重量轻,并满足工艺性、经济性的要求。

根据导向叶片的工作特点,导向叶片的制造材料一律采用高温合金。由于这类材料价格昂贵,因此应按不同的工作温度选用不同的材料。此外,这类材料的材质很硬,金属切削加工困难,一般采用精密铸造,做成实心的或空心的叶片。实心叶片铸造方便,但因叶型厚薄不均,受热速度不同,叶片内热应力较大。空心叶片叶型部分壁厚明显减薄,并趋于均匀,中间还可以通冷却空气,这样降低了叶片的工作温度,减小了热应力。但是,空心叶片的精铸工艺较为复杂。

在结构设计方面,由于第一级导向器与第二级及其以后的各级导向器各具特点,因此分别予以研究。

(2) 第一级导向器。第一级导向器紧接在燃烧室出口,工作温度最高,温度最不均匀,通常都采用有效的冷却措施。为了保证叶片具有足够的刚性,采用了两端与机匣相连(即双支点)的结构。此外,第一级涡轮导向器的排气面积对发动机的性能影响较大,因此要求较严,结构上通常允许调整。

为了减小热应力,导向叶片采用的连接方式通常有两端铰支,一端固定、一端铰支以及由两片或更多片导向叶片固接在一起的叶片组,如图 2.61 所示。第一级导向叶片的截面沿叶高是变化的,也可以是不变的。

(3) 第二级及其以后各级导向器。第二级及其以后各级导向器都是位于两级工作叶轮之间,因此在结构设计时,应考虑它的特殊性。

① 叶片的传力问题。由于这类导向器只能是一个外端固装的悬臂结构,作用在导向器上的负荷只能通过叶片外端传到外环上去,因此叶片与外环的连接需要特别加强。由于叶片较长,刚性问题较为突出。在叶片内端装上内环,既构成气流通道内壁,又能提高叶片的刚性。

② 导向器内环与转子的封严问题。由于气流通过导向器时压力降较大,在导向器内环与转子间必须设置可靠的封严装置。封严装置要通过导向叶片在涡轮外环定中心,保证与转子具有良好的同心度,并允许叶片能自由膨胀。

③ 装配问题。为了便于装拆,设计导向器时,应考虑到转子的结构特点。

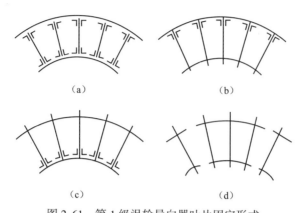

图 2.61 第 1 级涡轮导向器叶片固定形式

(a)两端铰支;(b)内端固定,外端铰支;(c)外端固定,内端铰支;(d)叶片组。

一般来说,导向器几乎都做成可拆式的。图 2.62 所示为第 2 级涡轮导向器,导向叶片外端带有长叶冠,并借两个螺钉将叶片固定在外环上,叶片内端带有内叶冠,各叶片的内叶冠围绕成一个圆环,形成气流通道内壁。为了保证叶片受热后自由膨胀,在各叶片内、外冠之间留有周向间隙。内叶冠的内表面与转子上的篦齿环构成封严装置。这种导向器的刚性和强度均较好,装拆方便。由于在外叶冠与机匣接触的表面上制有凹槽与 0.5mm 深的小槽,减少了导向叶片向机匣的传热。同时,可以通入冷却空气构成内部冷却式的涡轮外环。但是这种导向器零件加工不太方便,特别是在耐热合金上加工螺纹孔比较困难,并且高温处的螺纹连接容易产生胶着剥伤现象。为此螺纹表面镀钢,装配时,在螺纹部分还涂有特种油膏,或者使螺钉和连接零件采用两种不同的材料制成(如分别用

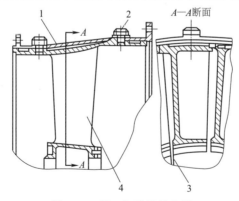

图 2.62 第 2 级涡轮导向器

1—涡轮外环;2—固定螺钉;3—周向间隙;4—导向叶片。

耐热钢和耐热合金制成)。此外,这种导向器的机匣开孔较多,削弱了机匣强度,并且各叶冠间留有周向间隙,导致封严效果变差。

3. 涡轮部件的冷却

涡轮是发动机中承受热负荷和动力负荷最大的部件。采用有效的冷却措施是发动机安全、可靠工作的有力保证,也是降低高温材料成本的有效措施。近年来,涡轮进口燃气温度的逐年提高是与涡轮的有效冷却,特别是与叶片内部空气冷却技术的迅速提高分不开的。据统计,采用冷却叶片后,燃气温度的提高出现了跳跃,且速度大为加快,这不仅是由于高温材料性能的改进,更重要的是冷却技术的提高。

1) 冷却的目的

涡轮部件冷却的目的在于:

(1) 提高涡轮前燃气温度 T_3^*,以提高发动机的性能。

(2) 在 T_3^* 给定的条件下,降低零件工作温度到允许的范围内,以保证零件具有必要的机械强度。

(3) 使零件内温度分布均匀,以减小热应力。

(4) 提高零件工作表面的耐蚀性,如果将零件与燃气流隔开,可以避免燃气对零件工作表面的侵蚀。

(5) 有可能采用廉价的耐热材料。

2) 涡轮部件的空气冷却系统

整个涡轮部件是一个高温部件。由于各个零件的结构形状、工作条件不同,它们的冷却方式也各不相同。除了轴承部件采用滑油作为冷却介质外,其余都采用空气作为冷却介质。在设计冷却系统时,对于冷却空气,应该考虑到以下几个方面的影响。

(1) 压力。冷却空气通常从压气机中引出,不同级的空气压力是不同的,压力的选定应考虑到冷却系统中各种"流阻"的影响,以保证冷却空气能按一定的方向与速度,沿冷却表面进行流动(需要注意的是,此处所指的"流阻"并不是都因阻力作用而形成压力降,如果冷却空气沿着旋转轮盘表面做向外径向流动时,由于离心力作用,会使冷却空气流动产生增压效果)。此外,还应考虑排放冷却空气处的空气压力。

(2) 流量。冷却空气流量的确定主要取决于冷却的要求。通常在确定关键零件冷却需要量的基础上进行整个冷却系统的网络设计与调试。有时需要利用限流孔(或缝隙)与封严篦齿等来调整和分流局部的冷却空气量,以满足冷却的需要。

(3) 温度。冷却空气的温度应该低于冷却对象的工作温度,但是冷却空气通常都是由压气机不同级引来的,它的温度与压力之间往往存在着一定的关系,设计时必须考虑到这一点。

(4) 清洁。冷却空气的清洁程度应该予以足够重视。为了提高叶片的冷却效果,往往冷却孔径很小,不清洁的冷却空气将会发生堵塞,致使冷却效果降低,甚至出现局部烧伤。通常从压气机内径处引来冷却空气。借离心力的作用,灰尘颗粒被甩至压气机流道的外壁面,因此内径处的空气一般较为清洁。

3) 涡轮盘的冷却

要使冷却空气的冷却效果显著,除了合理地安排冷却系统以外,对于涡轮与叶片等关键零件的冷却设计至关重要。涡轮盘的受热主要来自燃气和转子叶片的热量,由轮缘传向轮毂。目前,常用的冷却方式有以下两种。

(1) 空气沿轮盘侧面径向吹风冷却。径向吹风冷却是降低轮盘温度的重要措施。它的流动方向可分为由里向外与由外向里两种。由里向外流动引起轮缘与轮毂之间的温差偏大,热应力较大。

图 2.63(a)表示了一种发动机第一级涡轮盘的冷却流路简图。冷却空气沿盘的前端面由里向外径向吹风,通过盘上小孔后,又沿后端面由外向里进行吹风。这样的涡轮盘虽然被冷却空气所包围,但是,由于前后端面上的冷却空气流动是串联着的,因此流路较长,使冷气产生较大温升,再加上轮盘甚厚,致使盘毂中心孔边前后端面的温差加大,因此,产生很大热应力,容易形成前大后小的锥形永久变形。根据工厂测定,前端面的孔径有的较厚,尺寸增大1.65mm,而后端面的孔径增大较小,有的甚至反而缩小0.12mm。图 2.63(b)是对图 2.63(a)中的路线进行了相应的改进。轮盘前后端面均采用由外向里的冷却流路,这样形成两股并联的流路,可以减小轮缘与轮毂之间以及盘孔前后端面之间的温差。

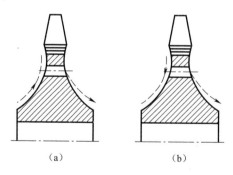

图 2.63 不同形式涡轮盘冷却流路简图

(2) 空气吹过叶片根部或榫头的装配间隙。近代发动机常采用冷却转子叶片根部和榫头的方法来降低涡轮盘(特别是轮缘)的温度。由于冷却空气直接将叶片传来的热量带走,不仅降低了榫头和榫槽的温度,提高了材料的机械强度,而且减小了轮缘与盘心的温差,从而减小了轮盘的热应力。

实验表明,在冷却空气量相同的情况下,采用榫头装配间隙吹风的涡轮盘轮缘的温度比径向吹风的大约低150℃。

4) 涡轮叶片的冷却

涡轮叶片是发动机冷却系统最关键的零件之一。由于导向叶片、转子叶片工作条件与位置的不同,冷却空气的引入也有所不同。导向叶片冷却空气的引入较为方便,第一级导向叶片通常用燃烧室两股气流的空气来冷却,冷却空气可以由叶片一端或两端引入;第二级导向叶片的温度较低,如果需要冷却,冷却空气只能从顶部缘板处流入。涡轮转子叶片由于装在旋转的轮盘上,因此冷却空气的引入较为复杂。发动机在不同的工作状态下,对冷却空气的需要量是不同的。

目前,涡轮转子叶片冷却空气的引入大都采用了预旋的方法,这样可以降低冷却空气的相对总温,提高冷却效果。图2.64所示为第一级涡轮冷却空气的引入结构。它利用预旋导流叶片将冷却空气折转,并加速到速度c,在轮盘切线速度u的作用下,冷却空气以速度w射入叶根。显然,这种预旋的优点有:①由于速度c值的增加以及w值的降低,使进入叶根的气体相对总温度降低,有的发动机约降低40~60℃,相应地转子叶片温度可降低20~30℃;②预旋后,空气正好顺着叶根榫槽的方向射入,减少了流动损失,使进入叶片的空气压力较高,保证了冷却空气在叶片内畅流。

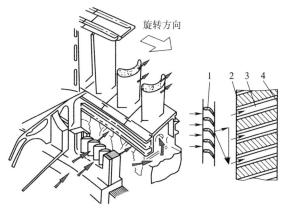

图2.64 涡轮叶片冷却空气预旋系统

涡轮叶片本身的冷却可以按冷却空气在叶片内部的流动状况与流出方式的不同而加以区分,通常有下列几种不同方式。

(1) 对流冷却。这是目前广泛采用的一种气冷方式。冷却空气从叶片内若干专门的通道流过,通过与壁面的热交换,将热量带走,从而使叶片温度降低,达到冷却的目的。目前,冷却效果一般为 200~250 ℃。冷却通道的断面可做成圆形、扁圆形或其他形状,如图 2.65 所示。当通道截面的总面积不变(因而冷却空气量相同)时,周长越长,冷却表面越大,故冷却效果越好。

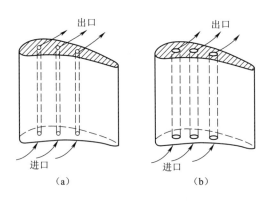

图 2.65　冷却通道的断面形状
(a)圆形;(b)扁圆形。

(2) 喷射式冷却(或称冲击式冷却)。这是使一股或多股冷却气射流正对着被冷却的表面,强化局部的换热能力,增强冷却效果,因此,它适用于局部高温区的强化冷却,如在叶片前缘,喷射冷却首先得到了采用。从换热的原理来看,喷射冷却实质上仍属于对流冷却,主要是由于冷却空气的流动方向不同而另命名的,因此采用喷射冷却时,一般总会伴随着对流冷却。

图 2.66 所示的空心叶片中装有导流片,导流片上开有小孔与缝隙,以便对准叶片内表面特别需要冷却的部位喷射冷却空气,加强冷却效果,随后冷却空气顺着叶片内壁面进行对流冷却,最后由叶片后缘排入燃气通道。

(3) 气膜冷却。冷却空气由叶片端部进入叶片内腔,通过叶片壁面上大量的小孔流出,在叶片表面形成一层气膜,将叶片表面与炽热的燃气隔开,达到冷却叶片的目的(图 2.67)。空气沿叶片表面流动,由于与燃气之间的导热及紊流混合而被加热,达到一定距离后气膜对叶片的表面就失去保护作用,必须再开小孔吹入新的冷却空气。由于叶片外表面的静压分布很复杂,因此小孔直径与其位置的确定通常都由实验获得。气膜冷却效果比对流冷却的好,一般可达 400~

600℃。但这种叶片因表面小孔太多,制造工艺复杂,叶片强度受到一定的影响。由于冷却空气在叶片内部有流动,因此存在着对流换热,故气膜冷却也伴随着对流冷却。

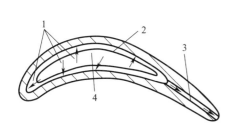

图 2.66　喷射式冷却
1—喷射冷却气流;2—导流片;
3—对流片;4—空心结构。

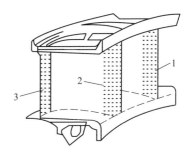

图 2.67　气膜冷却
1—冷却空气;2—鳃孔;3—尾缘槽。

值得指出的是,冷却用的气流会影响叶片表面的流动损失,气膜冷却在叶片上的位置分布是很重要的,通常设置在叶片的压力面居多。这样易于形成气膜,其附壁距离也较长,冷却面积较大;反之,在吸力面上易使冷气脱流,致使流动损失增大,尤其在靠近出气边的吸力面(叶背面),燃气流已接近或处于脱流状态,如果再吹入冷气很可能使脱流加剧,损失增大。因此,出气边气膜冷却都在压力面(即内弧处)或出气边缘。

(4) 发散冷却。这种冷却方式的叶片是用疏松多孔材料制成的。冷却空气从叶片内腔通过叶片壁面上无数的微孔渗出,就像"出汗"一样,一方面从壁面上带走热量,另一方面在叶片表面形成一层气膜,将叶片与燃气隔开,达到冷却目的,冷却效果在 500~800℃。目前,国内外制造这种叶片主要采用粉末冶金、丝网编织等方法。图 2.68 所示叶片的多孔壁是由一种丝网状多孔材料制成的。这种材料的制造方法有两种:一种是把金属丝缠到芯轴上,然后压缩到所需的孔隙度,在约 85%的金属溶化温度下烧结而成;另一种是用金属丝编织成单层薄板,再把薄板叠层并压缩到所需的孔隙度,然后烧结而成。多孔壁制成后可用高温钎焊焊接到叶身承力骨架上,骨架和叶片榫头用精密铸造制成。这种冷却方式还存在许多技术问题:如多孔材料氧化后极易堵塞,叶片温度就会升高,并进一步加速氧化和限制气流透过;因为发散叶片是多层结构,每层有很多小孔,孔位不易对准,工艺比较复杂。此外,在离心力的作用下,多孔材料的高温强度也是问题。所以,目前这种冷却方式尚处于研究试验阶段,如丝网编织叶片在发动机上试验过,涡轮前燃气温度达1370℃,而叶身骨架温度只有670℃,叶型表面温度为870℃。

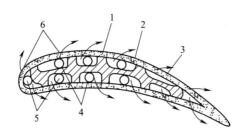

图2.68 发散冷却
1—承力骨架;2—气膜(整个叶片表面的典型情况);3—多孔丝网;
4—径向气流进入内腔;5—定量供气孔;6—发散冷却。

需要注意的是,由于小型涡轮发动机的相对冷却表面(冷却表面积与容积之比)较大、换热效率降低,以及结构小型化带来的困难等影响因素,叶片冷却的有效性已大大降低。据资料表明,一般只有当发动机的功率超过746kW时,叶片冷却才有使用价值。

2.5 排气装置

2.5.1 排气装置的功用

发动机的排气装置安装在发动机的尾部。排气装置的组成和结构形式取决于发动机和飞机的类别和用途。排气装置一般包括尾喷管、尾锥、消声装置、反推装置等。在涡轮喷气发动机中,排气速度和压力决定推力的大小,但在涡轮螺旋桨发动机中,排气所产生的推力很小,燃气中的大部分能量都被涡轮吸收了。涡轴发动机的排气装置是一个排气管道,一般为扩散形。它的基本功用是导向气流,排出废气和减速增压,以增加自由涡轮的落压比。

不管哪种排气结构,排气装置的作用都是在最小的流动损失和紊流下,使燃气以合适的速度排出发动机。排气装置的设计对发动机的性能有很大影响,而排气喷口的面积还会影响到涡轮进口的温度以及发动机排气的压力和速度。

2.5.2 排气管的结构

对于涡轴发动机而言,在发动机工作过程中,燃气从自由涡轮流出时,流速大,压力低于外界大气压力。流经扩散形的排气管时,得到扩散增压,流速降低,压力升高。到达排气管出口,气流压力增至外界大气压力,以相当低的流速排出机外。

对于单转子自由涡轮式涡轴发动机,由于传动装置的安排,燃气喷出方向与发动机轴线往往成 50°~90° 的角度,如图 2.69 所示。

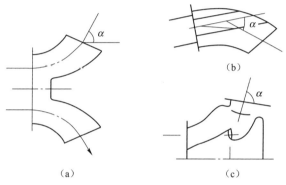

图 2.69 涡轴发动机排气管结构
(a)分叉式两侧双出口;(b)一侧单出口;(c)一侧正置出口。

涡喷发动机的亚声速尾喷管是收敛形的,而涡轴发动机的排气管却是扩散形的。涡轴发动机之所以采用扩散形排气管,是因为涡轴发动机的能量分配要求排气管出口气流速度较小,排气管内的气流速度都是亚声速,而且其进口气流速度大于出口的气流速度,因此涡轴发动机的排气管只能做成扩散形的。

2.5.3 排气噪声

生活和工作环境中产生的使人厌烦的声音都称为环境噪声。噪声强度可用声级来表示,单位为 dB。在居住环境中,夜间比较安静的环境的声级为 30dB,人类在 70dB 以上谈话时会感到心烦意乱,精力不集中,长期生活在声级 90dB 以上的环境中会严重损害听觉器官,人类的听觉器官允许的极限声级为 120dB。为保护在飞机场附近的工作人员及居民,发动机的噪声抑制成为重要的研究内容之一。

噪声是由速度和频率都不稳定的气流产生的。燃气涡轮发动机的噪声源主要有三个:压气机、涡轮和排气流。噪声可以分为内部噪声和外部噪声两类。内部噪声主要是压气机和涡轮工作时产生的,可在气流通道内采用声学处理方法衰减。外部噪声是指排气流与周围大气混合时,由于存在速度差而产生强烈的紊流,一部分能量以声能的形式辐射产生。

现在常采用的排气消声装置是消声喷管,这类喷管在喷口面积一定的条件下,增大了喷口的周长,使排出气流与周围空气的接触面积增加,减小了排气流与周围空气的速度差。这种方法可以有效减小低频噪声,但可能会增大高频噪声。不过高频噪声会很快被大气吸收,有些频率已超出人类的听觉的范围,但传给听者的噪声仍然大大减弱了。

在发动机产生噪声部位的壁面上安装吸音衬垫,可以降低部分噪声。吸音衬垫由胶接在一起的多孔蒙皮、蜂窝结构的夹心层以及底层组成。蒙皮上的小孔对声波起着黏性减弱的作用。蜂窝的空穴能对噪声频谱中的某些音调进行调谐使之衰减,调谐的频率与空穴深度有关,空穴深度小,衰减频率低的音调。因此,可以根据发动机各部分通道内噪声的性质,选择合适的蒙皮小孔蜂窝空穴深度,使外传的噪声降低很多。

2.6 传动装置

2.6.1 概述

传动装置包括齿轮减速器和附件传动装置两部分。

1. 齿轮减速器

齿轮减速器是涡桨发动机和涡轴发动机必不可少的部件,用于驱动螺桨或旋翼。它的一端与发动机的转子或动力涡轮相连,另一端与螺桨或旋翼相接。为了使涡轮的工作效率高,外廓尺寸小,转速必然很高,一般在 6000~18000r/min。目前,小功率发动机的涡轮转速已超过 40000r/min,而螺桨与旋翼的最有利转速则较低,一般螺桨的转速为 800~1200r/min,直升机旋翼的转速更低,仅为 120~300r/min(有少数达 450r/min 左右)。可见,航空减速器用于使两个转速不同的部件能相互匹配,协同工作,并能高效地传递功率。因此,减速器的设计质量对发动机性能的发挥起着关键的作用。目前,多数采用的是齿轮减速器。一般对航空减速器的性能要求有以下几个方面。

(1) 在尺寸小、重量轻的条件下传递大功率。在航空上,尺寸小、重量轻是设计工作者必须遵循的原则。对于减速器来说,同样应该满足上述原则,尤其有的减速器设置在压气机进口,它的外表面构成进气道的内壁,外形的不对称性与过大的径向尺寸都会影响进气道的气流流动,造成较大的损失。因此,航空减速器的形状与尺寸受到较苛刻的限制,但与此同时,它又必须传递相当大的功率,显然这是有矛盾的。减速器的齿轮处于高负荷状态下工作,每对啮合齿轮已成为传送功率的最薄弱环节之一。为了不使减速器的尺寸增大,通常采用多路并联传送功率路线的方案。

(2) 传动比大,效率高。发动机动力涡轮的转速与螺桨(或旋翼)的转速之比称为传动比。由于螺桨、旋翼与动力涡轮间的转速相差很悬殊,传动比很大,减速器尺寸又受到限制,故常用较复杂的多级传动,并广泛采用游星轮系。对于直升机的传动系统,它们的总传动比可以高达 120 左右,为此常将它们的减速器分成两部分。直接与动力涡轮轴相连,并构成涡轴发动机一部分的减速器称为体内减速器(简称体减),显然它属于高速级的齿轮传动,传动比并不太大,约为 3~7;另一部分则称为主减速器(简称主减),它将体减输出轴传来的功率转传给旋翼等其他部件,因此,属于低速级的齿轮传动,传动比大。

由于采用多级传动与复杂轮系会给传动效率带来不利影响,因此,在优化设计轮系的基础上,合理选用材料与热处理方法、提高制造精度以及采用良好的润滑冷却等措施,可以使它们的传动效率保持很高的水平。目前,航空发动机减速器采用的齿轮传动,其效率已高达 98%~99%,虽然传递功率较大,但其摩擦功率仍较可观,估计有 40~150kW。

(3) 有限寿命与可靠性。航空减速器都是按有限寿命使用的。目前发动机减速器的翻修寿命已有较大的增长,一般为 1500h、2000h、4000h 及 6000h 等,但这并不意味着它们的所有零组件都是按有限寿命设计的,多数的轮齿、转轴与机匣等零组件就是按"无限寿命"考虑的。但是,由于载荷谱的随机性与结构工艺等的复杂性,往往会使减速器的故障率提高,从而危及发动机的空中停车率、提前拆换率,给可靠性带来严重影响。为此在设计减速器时,常采用的措施有:简化结构与减少零件数目;提高齿轮加工精度与修整齿型,以消除振动与提高传动的平稳性;改善载荷的均匀性;采用斜齿或人字齿,以提高齿轮传动的重合度(一般直齿为 1.4~1.7,而人字齿可提高到 3~4),从而改善轮齿交替啮合时齿上负荷不同、变形不同而引起的角速度变化,进而防止了扭转振动的发生,合理地增加齿数可以提高传动平稳性,并避开与发动机其他零件产生的共振现象等。

增设测扭装置不仅能使驾驶员了解与掌握发动机的工作状态,而且还可以对减速器不正常的工作情况及时报警,这对它的可靠工作具有十分重要意义。

除了上述航空减速器的性能要求以外,对于军用直升机的涡轴发动机,它们的体减还必须具有在 30min 无润滑条件下运转的生存能力,这是为作战使用而中提出的特殊要求。

2. 附件传动装置

为了保证飞机和发动机正常工作，有许多具有一定功率、转速和转向要求的附件需要发动机来带转，这些附件分为发动机附件和飞机附件。前者属于保证发动机正常工作的附件，如滑油系统的油泵、离心式油气分离装置、燃油系统的燃油泵、燃油控制装置等。后者属于向飞机提供动力的装置，如液压泵、发电机。这些附件需要附件传动装置进行带转。一般这些需要发动机带转的附件都安装在附件齿轮箱上，齿轮箱内有一系列相互啮合的齿轮，发动机驱动齿轮箱，这些齿轮再传动装在其上的所有附件。发动机上通常有一个或几个附件齿轮箱。

在现代燃气涡轮发动机上，传动发动机附件的功率约占涡轮功率的 0.2%~0.5%，传动飞机附件的功率约占涡轮功率的 0.3%~0.6%。

附件传动装置工作的可靠性，无论是对发动机还是对飞机来说都是极为重要的，因此，附件传动系统必须在整个飞行包线范围内可靠工作，并保证所有附件的转速、转向和需用的功率。附件齿轮箱一般安装在发动机的低温区域，如压气机机匣和风扇机匣等的表面，以避免高温对附件的影响；并且附件齿轮箱的安装区域要有通风结构，以满足对附件的冷却和发动机防火要求。另外，附件齿轮箱的可达性要好，这样维护人员做维护时容易接近，便于拆装其上的附件。

2.6.2 齿轮减速器

1. 减速器形式及传动方案

航空发动机减速器形式与传动方案取决于发动机的形式与传动对象。对于涡轴发动机而言，体减的部位主要取决于直升机与发动机的总体安排，有的在前，有的在后，有的甚至设置在发动机的中间。

根据不同的用途与结构形式，减速器的分类方法往往是多样的。

1）机外与机内减速器（图 2.70）

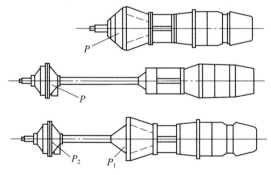

图 2.70 机外与机内减速器

与发动机固定在一起,并成为发动机一部分的减速器称为机内减速器。这种形式在涡轴发动机上应用很广,习惯称其为体内减速器。当减速器与发动机分开并作为独立机器时称为机外减速器。这种减速器都有独立的润滑系统,在直升机上应用很广,常称为主减速器,它是直升机的主要承力部件可以由一台或多台涡轴发动机的动力涡轮直接驱动(图2.71),或者通过体内减速器驱动。为了使从发动机到减速器的传动轴不致因转速过高而发生振动现象,通常采用主减速器与体内减速器联合使用的方案。在选用发动机时,除了对它们的功率提出要求外,常使发动机体内减速器输出轴的转速统一在6000r/min左右,以便易于匹配。

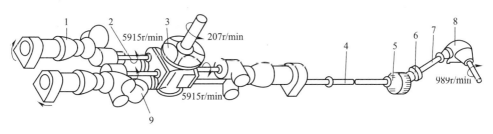

图2.71 动力传动系统
1—透默ⅢC发动机;2—主传动轴;3—主减速器;4—水平传动轴;5—中间减速器;
6—端齿离合器;7—斜传动轴;8—尾减速器;9—滑油散热器。

2) 同心式和偏心式减速器

输入轴与输出轴的中心线重合在一起的减速器称为同心式减速器。由于它的结构具有对称性,因此通常采用沿圆周均布几个游星齿轮或中间齿轮的并联传动方案。工作时,轮齿上的负荷减小许多,而且主动与从动齿轮轴上的轴承几乎不受径向力。此外,减速器的外壳尺寸也相应减小。因此,同心式减速器用于减速器前置的涡轴发动机居多。输入轴与输出轴中心线不重合的减速器称为偏心式减速器,在涡轴发动机体内减速器上运用较广。

2. 减速器结构

航空减速器在大负荷和高转速下工作,为了保证其稳定性和可靠性,要求齿轮精度高,各零件有足够的刚性和强度。此外,在结构设计时还应满足航空上的一般要求(如尺寸小、重量轻等)和工程上的一般要求(如结构简单、工艺性好、经济性好、使用维护方便等)。

2.6.3 附件传动装置

把发动机转子的功率、转速传输给附件并驱动附件以一定转速和转向工作的齿轮系及其传动轴的组合称为附件传动装置。附件齿轮箱的主要作用有：为发动机附件和飞机附件提供安装表面，并为这些附件提供旋转动力；按各附件对转速和转向的不同要求，为其提供转速；在发动机起动过程中，将扭矩从起动机传给发动机转子；为发动机维护及孔探检查提供人工转动发动机高压转子的接口。图 2.72 所示为一个附件齿轮箱及其表面安装的附件。典型的发动机附件包括燃油泵、滑油泵、燃油控制组件和专用发电机。飞机附件包括发电机和液压泵。在考虑这些附件的安装位置时，为了防火，一般把电气附件与充满油的附件隔开。把电气附件装在"干"的一侧，而充满油的附件装在"湿"的一侧。

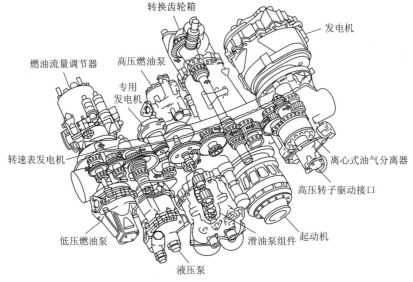

图 2.72　附件齿轮箱

滑油系统的离心式油气分离装置一般也由附件齿轮箱来带动。这是因为离心式油气分离装置装在附件齿轮箱上，通过合理安排传动比，能使油气分离装置高速旋转。这样在高离心力的作用下，能很好地把油气中的滑油分离出来，并把空气排到发动机外面，把滑油留在齿轮箱内部。

一般附件齿轮箱装在环境温度比较低的区域，如风扇机匣或压气机机匣上，为了减小飞行阻力，应尽量减少发动机的迎风面积，保证动力装置的流线外形，附件齿轮箱一般是"包"在机匣周围。另外，齿轮箱的位置还应便于维护。

用于附件传动系统中的齿轮主要有圆柱形齿轮和圆锥形（伞形）齿轮，其中圆柱形齿轮的齿有直齿和斜齿两种。圆柱形齿轮的支承轴相互平行，而当两轴之间有一定的角度时，可用圆锥形齿轮。例如，内部齿轮箱和转换齿轮中的两个齿轮都需要改变传动方向则选用圆锥齿轮。

附件齿轮箱中大多数是圆柱直齿齿轮，而圆柱斜齿齿轮一般用于高转速、承载大且对轴向力没有特殊要求的部位。圆锥形齿轮中螺旋齿用得最多，因为其承载能力强，运转平稳，且可用于高转速。

直齿齿轮的齿面越宽，齿轮承受载荷的能力就越大。齿轮固定在转轴上，转轴靠滚棒轴承支承在齿轮箱内。其中的圆锥形齿轮对定位精度要求较高，这种齿轮由于转动时有轴向负荷，因此安装时要采取轴向止动措施，靠滚珠轴承支承。

齿轮直径决定了附件齿轮箱表面各附件安装空间的大小，齿轮齿数决定了传动比。传动比是根据不同附件对转速的要求而确定的。发动机工作过程中，若附件由于故障而不能转动，应该不影响附件齿轮箱内齿轮系的正常工作，否则就会造成齿轮系的损坏。所以，附件齿轮箱上某些驱动轴或附件本身的驱动轴上都设计了"剪切点"，即强度比较弱的截面。若出现不能转动的情况，则轴会从"剪切点"处剪断，以保护齿轮箱内的齿轮系不会出现问题，而不影响其他传动系统，保证齿轮箱仍能正常工作。但发动机的一些主要附件(如滑油泵、燃油泵等)的驱动轴没有此项功能。因为这些附件是发动机工作所必需的，如果其坏了，发动机应该立刻停车。

附件齿轮箱的润滑是发动机滑油系统的一部分，发动机滑油系统负责齿轮箱的润滑。由于发动机刚起动时滑油系统不能及时把滑油送到齿轮箱，所以，发动机停车后，齿轮箱内要存有一定量的滑油，以便发动机一转，就能给齿轮提供润滑。另外，在齿轮的齿上镀银也是提供齿轮润滑的一种方式。

为了分担所驱动附件的载荷，有些发动机采用两个附件齿轮箱。这两个附件齿轮箱可分别由高压转子、低压转子来驱动，即高速附件齿轮箱和低速附件齿轮箱。相应地把附件也分成两组，根据附件对转速的需求，分别装在高速和低速附件齿轮箱上。一般发动机附件装在高速齿轮箱上，以保证发动机起动时能很快地正常工作；与飞机有关的附件则装在低速齿轮箱上。

为了减轻重量，附件齿轮箱一般采用轻质合金(如镁合金、铝合金等)铸造而成，齿轮箱内表面和外表面都做了防腐处理。早期的附件齿轮箱是可分解的，从安装边处把机匣打开，更换齿轮箱内的附件。现在一般都是整体铸造机匣，采用这种结构，其铸造和加工工艺比较复杂。一般齿轮轴和附件安装座都采用单元体形式装配和分解。齿轮箱内的齿轮由耐腐蚀的钢制成，为了使齿轮咬合平稳，齿轮的齿都要经过精确研磨，表面做硬化处理，以提高强度。

为了防止滑油泄漏，附件齿轮箱的输出轴都有封严措施。常用的封严有碳封严(有弹簧、磁力加载的两种)、"O"形圈封严和气封严。"O"形圈封严和碳封严损坏了,可在翼更换。更换碳封严时,一般需要专用工具。气封严是从压气机引入一定压力的空气到齿轮箱的输出转轴处,在轴的支座处有气封严槽,把压力空气引入到槽内,靠压力空气来防止滑油漏出。很多现代发动机的附件齿轮箱的附件安装座处都有漏油槽,这些漏油槽把驱动轴封严漏的油或附件本身漏的油都收集在一起,再通过管路把漏油排到发动机外面。漏油管的出口一般都在发动机的最低端,这样有两个好处:一是避免漏油污染其他部件、线束和发动机,避免漏油停留在发动机吊舱内而引起意外;二是通过观察这些漏油口的渗漏情况,能及时发现漏油部位,以便及早发现问题,采取维护措施。

参考文献

[1] 刘长福,邓明. 航空发动机结构分析[M]. 西安:西北工业大学出版社,2006.
[2] 陈光,洪杰,马艳红. 航空燃气涡轮发动机结构设计[M]. 北京:北京航空学院出版社,1988.
[3] 陈光,洪杰,马艳红. 航空燃气涡轮发动机结构[M]. 北京:北京航空航天大学出版社,2010.
[4] 《航空发动机设计手册》总编委会. 航空发动机设计手册[M]. 北京:航空工业出版社,2000.
[5] 张伟. 航空发动机[M]. 北京:航空工业出版社,2008.
[6] 邓明. 航空燃气涡轮发动机原理与构造[M]. 北京:国防工业出版社,2008.
[7] 李五洲,缪万波. 涡轴发动机结构与强度[M]. 北京:航空工业出版社,2016.
[8] 韩生寅,王新洲. 航空涡轮轴发动机构造学[M]. 北京:长城出版社,1996.
[9] 郭允良. 国内外涡轴发动机[M]. 北京:蓝天出版社,1990.
[10] 林基恕. 航空燃气涡轮发动机机械系统设计[M]. 北京:航空工业出版社,2005.
[11] 姚武文. 直升机动力装置——涡轮轴发动机原理[M]. 北京:蓝天出版社. 1992.

第3章 燃气涡轮发动机工作系统

燃气涡轮发动机上设有各种工作系统,用来自动调节供油量,以适应发动机各种工作状态的需要,保证发动机迅速、安全地自动起动,自动控制发动机的各种工作状态,保证发动机安全、可靠地工作等。燃气涡轮发动机主要包括滑油系统、燃油系统、空气系统、起动系统、监测与指示系统等。

3.1 滑油系统

在燃气涡轮发动机的功率传动和附件传动装置中存在许多轴承、齿轮等相对运动部件。发动机工作时,其转子转速高达 20000~50000r/min。发动机转子及一切相对运动部件之间由于摩擦而磨损、生热,影响发动机的性能及安全,为此,在涡轴发动机上设置滑油系统。

滑油系统是一个独立的工作系统,在燃气涡轮发动机上多采用压力循环式设置。滑油系统保持一个正常的滑油温度、压力和流量,可使各部件在发动机所有的工作状态下都能获得合适的润滑和供给。

发动机工作过程中,系统向各运动机件间喷射足够量的压力滑油,使得在做相对运动的机件摩擦面之间形成一定厚度的油膜,保证机件的良好润滑。滑油系统还要保证工作滑油循环不息地流动,不断将摩擦产生的热量带走并散掉,达到良好的散热目的。同时,滑油系统还及时将系统内的杂质带出系统并过滤掉,保证发动机的安全工作,并且提高了发动机的有效功。

3.1.1 滑油系统的功用及需满足的要求

1. 滑油系统的功用

1) 润滑作用

发动机工作时,各个摩擦面之间如得不到适当的润滑,就会产生干摩擦。干摩擦会在短时间内产生足够的热量,轻者使机件之间间隙减小,强度降低,以至抱轴,重者可以使金属熔化,报废。因此发动机中的摩擦部位必须保持良好的润滑。在机件摩擦表面形成适当厚度的油膜,可减少摩擦机件之间的阻力,而油膜的强度和韧性是发挥其润滑作用的关键。

2) 冷却作用

发动机工作时由于相互之间的摩擦会产生大量的热量,如果不能及时散掉,会使工作腔内的温度积聚形成高温环境,系统工作不能正常进行,甚至烧坏机件,因此,必须及时将热量散到工作腔之外。其工作介质就是利用滑油的流动过程,将腔内的热量带到工作腔之外并散到大气中,从而保持工作腔内以正常温度运行。

3) 过滤作用

发动机工作时会产生许多杂质,如滑油氧化后生成的胶状物,机件间摩擦产生的金属屑、水分,以及滑油自身在加放和工作过程中带入的灰尘、颗粒外来物等。这些杂质会加速机件的磨损,堵塞流动通道,造成供油量不足、不连续,发热量增加,工作腔温度不均等,导致轴承、齿轮等不能正常运转。过滤过程滑油在发动机体内良好地循环流动来完成。

4) 防锈作用

发动机在运转或存放时,大气、滑油中的水分以及环境中的酸性气体会对机件造成腐蚀和锈蚀,滑油在机件表面形成油膜就可以避免机件与水及酸性气体直接接触,防止腐蚀、锈蚀。

5) 消除冲击载荷

发动机在工作过程中,工作状态会经常发生急剧变化,致使旋转机件的转速突然变大或变小,造成瞬间的冲击载荷。工作腔内的滑油将缓和上述部位所受到的冲击载荷,降低振动幅度,使发动机平稳工作。

2. 滑油系统需满足的要求

当飞机在各种条件下飞行时,滑油系统需满足下列特殊要求,保证向涡轴发动机相对运动部件可靠、连续地供给温度和压力适宜、数量充足的滑油。

(1) 在地面和任何飞行条件下的所有工作状态,滑油系统应当保证各种附件可靠工作,保证向发动机连续供应滑油。

(2) 在任何大气温度下,滑油系统应保证发动机快速起动,保证发动机起动后滑油快速加温。

(3) 在任何飞行高度和任何发动机工作状态下,滑油系统应自动保持滑油温度在规定范围内。

(4) 应保证滑油不得通过通风系统甩到大气中(特别是在使用有毒的合

成滑油时),防止不工作发动机滑油窜流,防止滑油从发动机窜流至飞机减速器。

(5) 滑油系统应具有最大可能飞行持续时间所必需的充足滑油储备。

(6) 应保证滑油系统的密封性,以及密封装置、接合部、滑油腔的可靠性,使发动机每小时的滑油消耗量最小,也不会发生火灾。

(7) 管路、接头应有足够的强度、冲击稳定性及密封性,流体阻力要较小。

(8) 滑油系统应保证使用简单、维护方便,有关附件的可达性要好,能快速充油,方便地测量滑油量和提取分析油样,保证能将系统中的滑油排放出来。

现代燃气涡轮发动机的滑油系统基本上满足了上述所提出的各种要求,都具有独立的压力循环式滑油系统。

3.1.2 滑油的使用特点

1. 滑油的基本性能要求

1) 适宜的黏度和良好的耐温性能

滑油黏度的大小直接影响发动机的起动性能、机件的磨损程度、滑油的消耗量及功率损失的大小。滑油黏度过大,流动性差,进入摩擦面所需的时间长,滑油消耗就会增大,机件磨损增大,清洗及冷却性差,但密封性好;黏度过小,影响油膜的形成,不能保持良好的润滑状态,并且密封性变差,容易渗漏,影响滑油量。因此,黏度过大、过小都不好。同时,在发动机上应用的滑油的工作温度范围很广(-40~300℃),既具有足够的黏度保证润滑性能,又要有足够的流动性,以保证顺利起动和低温环境性能。所以要求黏度特性和耐温性好。

2) 清净分散性能好

润滑系统产生的油泥等污垢过多时会从油中析出,导致滑油滤和油孔堵塞、流动性差、油耗增大、功率降低等问题。为降低上述问题的发生,必须要在滑油中添加油溶性的清净分散剂。

3) 良好的润滑性

发动机工作时,其传动件使用的大多是滑动传动轴、滑动轴承,而且要承受很大的负荷,因此其在高负荷、高压的条件下,必须有良好的润滑性。

4) 抗氧化及热氧化性能好

滑油会在高温下与氧结合,其氧化生成物会使滑油失效,这是造成发动机许多故障的主要原因之一。滑油中应添加各种抗氧化添加剂,避免其氧化变质。

5) 良好的抗泡沫性

由于轴承的强烈搅动和飞溅润滑,容易使滑油生成泡沫,润滑性能下降,并能导致滑油泵故障。因此,滑油中必须加入良好的泡沫抑制剂,抑制泡沫的产生,保持滑油的功效。

2. 我国常用的滑油

滑油是滑油系统的核心,它的性能对发动机的工作和性能有很大的影响。现代燃气涡轮发动机所用的滑油主要为低黏度的矿物油和合成滑油。常用的矿物油牌号有 20 号航空滑油(代号 HH-20,与俄罗斯 MC-20 相当)、14 号航空滑油(与俄罗斯 MC-14 相当)、8 号航空滑油(代号 8A,在 HP-8 的基础上加入复合抗氧剂,与俄罗斯 MK-8Л 相当)。常用的合成滑油牌号有 4109 合成航空滑油(与俄罗斯 ИЛМ-10 和 ВНИИ НИ-1-4Ф 相当,与美国 MIL-L-7808 规范的产品性能接近)、4106 合成航空滑油(与美国 MIL-L-23699C 规范的产品性能接近)、4050 合成航空滑油(又称飞马 2 号,与美国 MIL-L-23699B 规范的产品性能接近)。

滑油润滑性能最主要取决于滑油黏度,而黏度首先取决于温度。温度降低时,黏度增加;反之,温度升高时,黏度减少。黏度同温度的关系称为滑油的黏度-温度特性,根据黏度-温度曲线的变化可以判断滑油的润滑性能。

对于给定工作条件,可选择润滑性能好的滑油,其黏度值最佳,黏度-温度特性曲线是倾斜的。在外界气温较低时,滑油仍具有足够的流动性,不使发动机起动发生困难;而在外界气温较高时,滑油具有足够的黏度,以便形成良好的润滑油膜。

发动机润滑所选择的滑油种类,取决于温度状态和在被润滑零件上作用的机械载荷。在发动机使用过程中,考虑到温度限制和所承受的载荷大小,允许采用 8 号和 20 号航空滑油混合物。

矿物滑油的物理性能、化学性能,不能保证发动机在宽广的温度范围内可靠地工作。因此,现在大多数燃气涡轮发动机都采用合成滑油。这种滑油的优点是:在高温和氧化环境下稳定,能抵抗潮湿作用,良好的黏度-温度特性。

合成滑油除了具有一些优良性能外,也存在许多缺点。合成滑油是有毒液体,滑油蒸气具有毒性。所以,使用滑油时,应当严格执行安全方面的技术规定。滑油洒到裸露皮肤上、身穿滑油浸染的衣服长期工作、吸进滑油蒸气或滑油烟雾都可能损坏人体组织。合成滑油会引起普通橡胶和用作垫片和软管的有机材料(皮革、塑料)的膨胀。不允许滑油落到油漆涂层、导线上,因为它们可能被滑油破坏。在使用过程中,不允许矿物滑油和合成滑油混合使用,也不允许矿物滑油落入具有燃油的合成滑油的润滑系统中。

3.1.3 滑油系统的工作原理

航空燃气涡轮发动机的滑油系统可分为开式系统和循环系统两大类。开式系统用在短寿命或一次性使用的发动机上,现代航空燃气涡轮发动机大多采用循环系统。对不同类型的发动机来说,滑油系统的布局差别可能很大,但都包括供油、回油、散热、通风和指示监测五个主要部分,滑油系统的组成如图 3.1 所示。

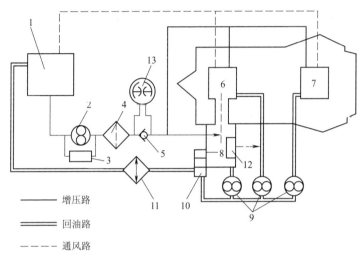

图 3.1 航空燃气涡轮发动机常规滑油系统的组成

1—滑油箱;2—增压泵;3—调压活门;4—滑油滤;5—单向活门;6—前轴承腔;
7—后轴承腔;8—附件传动机匣;9—回油泵;10—油气分离器;11—滑油散热器;
12—离心通风器;13—滑油温度与压力指示。

1. 供油

在燃气涡轮发动机工作时,滑油从滑油箱流出来沿着导管流到增压泵进口。增压泵提高滑油压力,并将滑油送到滑油滤。增压泵设有调压活门,一旦泵后油压超过调定值,调压活门打开,可使部分滑油返回增压泵进口。滑油滤的滤芯过滤掉滑油中的机械杂质。滑油滤设有安全旁路活门,当滑油滤堵塞后,活门打开,滑油不经过滤就直接被输送到各润滑部位。在滑油滤后面,滑油经过单向活门,又沿三个方向流动:一路润滑附件传动机匣,一路润滑发动机转子前支点轴承,其余滑油润滑后支点轴承。如果发动机自带减速器,还要有部分滑油去润滑减速器。

为保证发动机良好的润滑性,对到各润滑部位的滑油压力、流量有一定的要求。因此,在润滑路线中布置一些限流嘴,可用于调节滑油压力和流量。

2. 回油

结合发动机的结构特点,在各润滑部位附近布置收油池,每个收油池对应一个回油泵。在发动机各支点、齿轮传动装置工作过的热滑油,汇集到各自的收油池中,被回油泵抽送至散热器,最后回到滑油箱,完成一次循环。工作后的滑油含有磨损产物和积炭,为保护回油泵,在每个回油泵前都安装了回油滤。

3. 散热

航空燃气涡轮发动机的散热器多采用风冷式,由散热器、风扇组成。工作后的热滑油经散热器散热后返回到滑油箱。有的滑油系统在散热器前布置了温控活门,当滑油温度低于活门的规定值时,滑油不经散热器直接回到滑油箱。当散热器堵塞到一定程度时,此活门可作为旁路活门使用,以维持系统工作。

4. 通风

燃气涡轮发动机滑油腔用篦齿密封装置与空气、燃气腔隔开。密封装置的漏气、滑油的蒸发,以及环境的加热,都可能提高滑油腔内的压力。腔压高于密封压力,滑油就会外泄。为防止这一点,就需要滑油腔通风,以保持腔压始终小于密封压力。

此外,工作后的滑油会含有大量的气泡,体积相应增加数倍。因此,需要去除回油中的气泡和蒸气,防止供油中断或破坏油膜。

各油腔、滑油箱均与附件机匣连通,汇集后的油雾通过安装在附件机匣上的离心式通风器进行油气分离然后通至机外。

5. 指示监测

指示监测系统主要监视滑油温度、滑油压力、滑油量、滑油消耗量和金属屑含量等参数,驾驶舱内有相应的仪表和警告灯。滑油温度、滑油压力和滑油量可以反映滑油系统工作是否正常。滑油系统密封装置状况和通风系统的工作情况由滑油消耗量来确定。滑油中的金属屑含量可以反映发动机相对运动部件的磨损及故障情况。滑油系统中滑油滤及堵塞指示器是金属屑的宏观检测,当发动机转动部件磨损严重时,滑油滤里往往有大量的金属屑。如果滑油滤堵塞,则指示器发出堵塞指示信号。检查回油路上的磁性堵头(简称磁堵),可以知道该油路上的润滑部位磨损情况。如果在发动机工作时,润滑部位磨损严重,带指示器的磁堵会燃亮驾驶舱中的警告灯。

3.1.4 滑油系统的主要附件

滑油系统的附件主要包括滑油箱、空气冷却式散热器、滑油泵组件、主滑油滤、回油滤、单向活门、指示和监测装置,还有一些滑油导管和发动机机匣上的钻孔油道。

1. 滑油箱

滑油箱是滑油系统的储油容器,用于存放必需的滑油量。为了检查滑油量和确定滑油消耗量,在滑油箱中装有带刻度的滑油测量油尺或油量指示器。滑油箱上设有带油滤的加油口和放油装置。此外,滑油箱上还设有通风管路,用于滑油箱的通风。

2. 空气冷却式散热器

空气冷却式散热器利用风扇吹风来冷却流经其内部的滑油,滑油是否流经散热器由一个温控活门来控制。当滑油温度低于活门规定值时,滑油不经过滑油散热器而直接回油箱。当滑油温度较高时,滑油经散热器散热后再回油箱。如果散热器堵塞到一定程度,此活门还可作为安全旁路活门使用,以维持滑油系统工作。

滑油箱和散热器一般安装在飞机或直升机上,某些型号的发动机本身设有滑油箱和散热器,作为发动机的一部分,如PT6A、T700、ARRIUS 2F等。

3. 滑油泵组件

燃气涡轮发动机的滑油泵多采用齿轮泵,一般由一级增压泵和数级回油泵组成,并设有泄压活门,由燃气发生器传动轴驱动。增压泵将油箱中的滑油抽出,增压后供发动机润滑使用,回油泵将流回收油池的滑油抽出并送回油箱。泄压活门用于防止因滑油泵出口压力过高而损坏滑油系统附件和过多消耗发动机功率。当增压泵出口压力高于规定值时,泄压活门打开,部分滑油流回增压泵进口处。当出口滑油压力低于规定值时,活门关闭。

4. 主滑油滤

滑油系统中安装主滑油滤,保证从滑油中滤除机械杂质和沥青沉淀物。定期检查滑油滤状况可确定滑油系统、发动机主要机件工作是否正常。某些型号的涡轴发动机(如T700、ARRIEL 2C等)主滑油滤的壳体上设有通燃油的管路,燃油和滑油通过对流换热来降低滑油温度,同时使燃油预热,起到燃油/滑油散热器的作用。

5. 回油滤

在收油池到回油泵之间的管路中设有回油滤。回油滤主要用来滤除杂质,保护回油泵。

6. 单向活门

单向活门通常安装在滑油泵组件的后面、散热器的前面,用于防止发动机停车时,在散热器及滑油箱余压作用下滑油倒流。

7. 指示和监测装置

滑油系统的指示和监测装置由压力传感器、温度传感器、磁性堵头和油滤堵塞指示器等组成,并通过安装在驾驶舱仪表板上的指示灯、仪表随时观察滑油系统的工作情况。

3.2 燃油系统

燃油系统是燃气涡轮发动机最重要的一个工作系统。燃油系统能否正常工作直接影响发动机功率和经济性,并且关系到发动机和飞机的安全性和可靠性。燃油系统功能多,在总系统中又包括许多执行不同任务的子系统。燃油系统中附件多,且结构复杂。

3.2.1 燃油系统的功用及需满足的要求

1. 燃油系统的功用

发动机燃油系统的基本功用是:清洁燃油并给燃油增压;向发动机燃烧室供油;通过调节供油量来控制发动机所有工作状态,包括过渡状态;保证发动机安全、迅速地起动;操纵压气机操纵机构;等等。

2. 燃油系统需满足的要求

从工作可靠性和使用的需要出发,对燃油系统提出如下要求:

(1) 在任何飞行条件下,当燃油温度为-50~60℃(223~333K)时,保证发动机的燃油供应。选择较大的设计温度范围,是基于直升机要在外界气温为-60~60℃(213~333K)条件下使用。外界气温的变化影响燃油温度。在空中,特别是在高空中,由于外界气温很低,燃油温度要降低。这可能导致水从燃油中分离出来,因为水在燃油中溶解的数量取决于燃油温度。处于悬浮状态的水可能转变成冰的晶体,沉淀在燃油滤上,将燃油滤堵塞。这时,进入燃油泵的燃油减少,出现空穴现象,可能导致发动机自动停止转动。

当燃油剧烈受热时,可能分解成一些单个的馏分,急剧地形成焦炭,使燃油滤和燃油调节器分流活门被弄脏,这同样使得发动机的正常工作遭到破坏。

(2) 防火的安全性高和燃油系统的生存力强。防火的安全性指的是整个系统和系统的各个附件必须密封。在地面进行与燃油接触的各种工作时,如在直升机加油的过程中,当具有电力传动的燃油系统附件损坏时,以及在飞行中动力装置附件损坏时,要消除着火的可能性。在发生飞行事故或出现事故征候时,要消除动力装置和燃油箱着火的可能性。

燃油系统的密封性可通过在结构上采取技术措施加以实现。例如,采用抗振和高强度的导管和附件,采用特种耐油镀层和密封装置,以及在直升机技术维护过程中要仔细地维护燃油系统。

燃油系统的生存力取决于当某些附件和元件出现故障或不正常时燃油系统保证发动机工作的能力,以及在紧急情况下防止起火的能力。燃油系统的生存力通过重要附件有储备(例如,燃油增压泵、燃油回油泵在燃油泵发生故障、燃油滤堵塞等时能向发动机供油),以及发动机的供油系统连通来实现。连通是指能够从任意燃油箱向发动机供油。

在应急情况下,燃油系统的生存力是靠其元件和附件的结构完善性,以及减小燃油起火的措施来达到。研究表明:燃油箱由于破裂而损坏,燃油管路由于接头脱开和密封装置破坏造成隔板移动而失去密封性。所以,现在在直升机上开始应用较高生存力的燃油系统。例如,在该系统中燃油箱具有很厚的橡皮保护层,当油箱损坏时,保护层能自动拉紧。用柔韧的橡皮软管代替金属导管,在应急时允许元件发生某些位移而不损坏。在燃油系统特别危险处,预先设置带有自封活门可被破坏的转接器。在漏油活门中,装有使活门闭锁和受冲击时防止打开的装置。预防应急情况下燃油起火,也可以通过向燃油箱喷入特种添加剂来保证。添加剂在短时间内能使燃油变成冻胶状的浆状物,在存有强火源的情况下也不能点燃。

(3)燃油箱的容积应当保证必需的飞行航程和续航时间。不使用的剩余燃油应当最少(不应超过油箱容积的1.5%)。油箱中燃油的消耗,应使在全部飞行距离上直升机重心的变化最小。通常,为了减轻飞行员的注意力,油箱中的燃油消耗是自动进行的。

(4)燃油的过滤应当保证系统可靠的工作。在燃油中存在的机械杂质对高压燃油泵、燃油调节器中的附件和元件的工作可靠性,以及它们的使用寿命有重要的影响。通常,燃油过滤采用固定装置的粗、细油滤进行。

(5)适合于采用调节规律的燃油定量调节,应当保证动力装置在所有可能的飞行条件下以及发动机的全部状态上都具有高的经济性。

(6)进入燃烧室的燃油雾化质量,应当保证发动机在所有可能状态和飞行高度上工作时工作过程稳定。

(7)使用和技术维护简单。这一要求应在直升机设计时加以保证。通常,在现代直升机上,需要调整检查或周期性技术维护的所有组件燃油系统,都安放在容易接近的地方,保证一些最重要的组件能够目视检查。

3.2.2 燃油的特性

燃气涡轮发动机对燃油主要有如下要求:

(1)热值高,因为热能是发动机的基本能源。热值的大小取决燃油的氢碳含量。

(2) 在各种工作情况下,燃油都能充分燃烧。燃烧产物对发动机热端部件产生的不利影响要小,如腐蚀等。

(3) 对燃油系统的部件能起到一定的润滑作用,但对部件的腐蚀要小。

(4) 结冰温度(冰点)也是个重要参数,因为达到冰点后,燃油中会出现冰沫,从而造成油滤堵塞和燃油系统工作不正常。

(5) 蒸气压,也称饱和蒸气压,指在给定的温度下,在液体表面形成的饱和蒸气压力。温度增加,蒸气压也增加。从燃烧的观点看,蒸气压高有利于燃烧,因为可使燃油在燃烧区迅速蒸发,改善发动机的起动性和加速性。但蒸气压高了,在高空飞行时,燃油容易蒸发,从而造成损失。

(6) 挥发性。燃油的挥发性对油气混合物的生成有一定的影响。挥发性低些,有利于油气混合物的点燃和发动机的起动。但挥发性太低,在高空飞行时,又容易造成燃油系统的气阻,从而影响供油。挥发性受闪点、蒸气压、沸点等的影响。

航空燃气涡轮发动机常用的航空燃油需满足许多要求,其中主要有:热值高,一般在 42800~43900kJ/kg;蒸气压很低,平均值为 0.8619kPa;冰点一般在 $-60 \sim -40$℃之间。同时,航空燃油具有黏度理想、化学安定性好、吸水性小、起火危险性小、无腐蚀性的特点。

因为发动机的燃油系统和热力过程要求燃油具有确定的物理-化学性能,所以在使用过程中,必须只采用该型发动机技术使用说明书中规定的燃油品种。

3.2.3 燃油系统的主要组成

1. 燃油泵

燃油系统常用的泵是齿轮泵,它是定排量泵,即在给定转速下,其供油量是不变的。此外,还有离心叶轮泵和柱塞泵。图 3.2 所示为柱塞泵工作原理图,它主要包括一锥形转子、多个带滑靴的柱塞、斜盘、分油盘、调节活塞和转轴。转子内沿周向均匀分布有若干个柱塞孔腔,柱塞就安装在这些腔内。柱塞靠弹簧和油压始终顶紧在斜盘的工作面上,转轴带动转子旋转,而转子的小端面始终与分油盘贴合在一起。斜盘的角度由调节活塞控制。当转子旋转时,柱塞随之转动,由于斜盘有一定的倾斜角,因此,柱塞在旋转中将受到斜盘工作面的约束,从而相对于转子在柱塞腔内做直线往复运动。当柱塞从柱塞腔向转子外移动时,柱塞腔的容积不断增大,即吸的过程,此时柱塞腔的孔刚好和分油盘的进油口相通,这样就把油吸进柱塞腔。当柱塞反向移动(内移)时,柱塞腔的容积不断减小,即排出过程,此时柱塞腔孔正好和分油盘的出油口相连通,吸入的油就被挤出了柱塞。

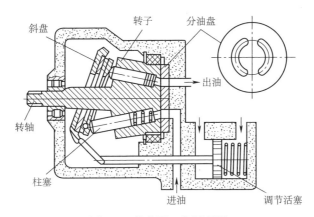

图 3.2 柱塞泵工作原理图

从柱塞泵的工作原理可知,柱塞就像注射器一样,之所以能连续不断地吸油和排油,是由于转子旋转时柱塞相对于转子做往复运动,造成柱塞腔的工作容积周期性变化。这种靠元件间工作容积的周期性变化来压送液体的泵也称为容积式泵。齿轮泵、旋板泵等都属于这类泵。

柱塞泵的主要缺点是:结构复杂,尺寸和重量相对较大,对制造和使用条件要求都较高,且容易出现故障。在发动机上,柱塞泵可被用作高压泵。图 3.3 所示为柱塞泵示意图。

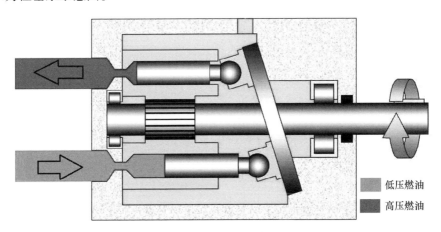

图 3.3 柱塞泵示意图

柱塞泵的供油量取决于每个柱塞做一次往复运动时,其柱塞腔工作容积的变化量。从图 3.2 可知,斜盘的角度可影响柱塞的行程,所以,适当地增大斜盘角度,可在不增加泵的重量的情况下,增加泵的供油量。若在工作过程中通过调节活塞改变斜盘角度,就可以把柱塞泵变为一个变排量泵。

离心叶轮泵在发动机燃油系统中常被用作低压油泵,主要包括进油装置、工作叶轮和出口装置,其工作原理图如图3.4所示。

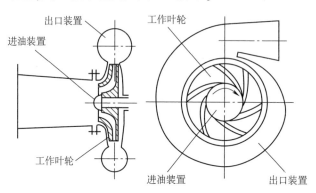

图 3.4　离心叶轮泵工作原理图

进油装置的作用就是把燃油以一定的速度和方向导入工作叶轮,能使离心叶轮在飞机增压泵失效后仍能正常工作。工作叶轮是离心泵的核心部件,它是带有叶片的圆盘。工作时,叶轮旋转,使进来的燃油随叶轮一起旋转。在转动过程中,叶轮内的燃油受到离心力作用,被甩向叶轮的外缘,使燃油获得一定的动能和压力势能,甩出的燃油沿出口装置流向排油管路。出口装置的截面是逐渐扩大的,燃油在出口装置中流动时,速度逐渐下降,又把一部分动能转换成压力,使燃油的压力得到进一步提高。

从工作原理可知,离心泵和前面提到的容积泵(齿轮泵、旋板泵和柱塞泵)不同,它本身就有增压能力,不用依靠泵出口系统的流阻来建立压力。离心泵的主要优点是尺寸小,重量轻,结构简单;缺点是效率低,低转速时压力低,对气蚀性能要求高。在发动机上一般把它用作低压泵,用来保证高压泵进口的压力。

在实际中,有时把离心叶轮泵和齿轮泵做成一体,形成低压泵和高压泵组件。其中,低压泵是离心叶轮泵,高压泵是齿轮泵。

2. 油滤

油滤的作用就是防止燃油中的杂质进入发动机燃油系统而造成油路堵塞和部件磨损。发动机一般装两个油滤,一个细油滤、一个粗油滤。细油滤一般装在发动机燃油系统的起始位置,以阻止杂质进入燃油系统,所以也称低压燃油滤。粗油滤一般装在燃油进入喷嘴之前,以防止细油滤下游某些部件损坏后而造成喷嘴堵塞,起保护作用,也称高压油滤。细油滤一般是一次性油滤,定期或堵塞后进行更换,它带有旁通活门和堵塞指示装置。粗油滤一般是金属滤网式结构,可进行超声波清洗,重复使用。

3. 燃油加热装置

现代发动机上广泛采用的燃油加热装置是燃油/滑油热交换器,它一般装在低压燃油路上。在给燃油加热的同时,还起到冷却滑油的作用。但是,也有发动机的燃油加热器是靠从压气机引入热空气来加热燃油的。

4. 燃油调节器

燃油调节器是燃油系统的核心部件,驾驶员通过驾驶舱内的油门杆来控制燃油调节器,调节发动机的供油量,控制发动机在加速、减速和稳态时功率的大小。在现代发动机的燃油控制系统中,燃油调节器就是一个燃油计量组件,受控于发动机电子控制器(EEC)。在发动机起动时,燃油计量组件内的燃油计量活门和关断活门打开,允许燃油经喷嘴进入燃烧室。经点火电嘴点燃,发动机起动,稳定在慢车转速。发动机慢车后,燃油计量组件则按闭环控制原理控制发动机的供油量。对应于发动机的不同工作状态,燃油计量系统根据EEC的要求,控制供油。发动机处于起飞功率时,供油量和供油压力都最大。随着飞机的不断爬升而到了巡航高度后,发动机进入巡航功率状态,燃油计量组件的供油量和供油压力都要下降。飞机从巡航进入降低高度和着陆时,燃油计量组件再把供油量和油压力降低,使发动机的功率下降,以满足飞机着陆的需求。另外,燃油计量组件还可为其他发动机控制系统提供伺服燃油,如可调静子叶片、主动间隙控制系统等。

3.2.4 燃油系统的工作

发动机在工作过程中,向燃烧室供油量的多少要满足当时进入发动机的空气量和气流速度,否则发动机就不能正常工作。供油太多,燃烧后的温度就会太高而烧坏涡轮,或者出现富油熄火;而供油太少又会出现贫油熄火。供油量的多少受到很多参数的影响,主要参数包括:飞机对推力的需求(油门杆的位置)、大气压力、发动机进气温度、进气压力、转子转速、压气机出口压力、发动机的排气温度等。燃油控制系统根据这些参数的大小来控制供油量。发动机的燃油控制系统有三种基本类型:传统的机械液压式燃油控制系统、电子监控型机械液压式燃油控制系统和全功能数字式电子控制系统。

传统的发动机操纵系统,从驾驶舱的油门杆,经中央操纵台上的油门操纵机构和飞机地板下的钢索、滑轮,一直到发动机吊架处的操纵鼓轮,最后到达发动机上的燃油调节器。飞机上油门操纵系统与发动机上的操纵钢索(推拉钢索)之间靠齿轮、齿条连接在一起。推拉钢索与燃油调节器相连,这样,当驾驶员改变油门杆的位置时,通过这套机构就把油门杆的位置传给燃油调节器(燃油计量组件),使燃油调节器能根据油门杆的变化来调节发动机的供油量。

在电传操纵的飞机上,取消了滑轮和钢索机构。驾驶舱内油门杆的位置是通过电信号传给发动机上燃油调节器的,这一任务靠油门杆角度解算器来完成。驾驶舱内油门杆运动后,通过连接机构把油门杆的运动传给油门杆角度解算器,解算器把油门杆的机械运动转换为电信号,电信号再传给 EEC,EEC 控制发动机上的燃油计量组件。这样一来,从驾驶舱到发动机之间就没有了机械连接,只有电路连接。但不管哪种系统,都是由驾驶舱内的油门杆给出对发动机功率的要求,通过发动机上的燃油计量组件来实现这一要求。下面来介绍燃油计量组件是如何完成这一任务的。

1. 燃油流量控制原理

流量控制器由定压差调节器与可变截面节流装置(油泵至喷嘴油路上的流量计量装置)组成,通过保持节流装置前后压差不变,只调节节流面积来改变流量的控制器。节流装置有油门开关和计量活门等多种形式,下面以图 3.5 所示油门开关为例,介绍流量控制器的工作原理。

油门开关具有按流量要求设计的形面,当油门操纵杆转动时,油门开关做轴向移动来改变节流面积。通过油门开关的流量为

$$m_f = \mu A_t \sqrt{2\rho(p_T - p_1)} \tag{3.1}$$

式中:$A_t = A_t(\alpha)$ 为油门开关的几何流通面积,其中 α 为油门杆角度;μ 为油门开关流量系数;ρ 为燃油密度;p_T、p_1 为油门开关前、后的压力。在一定情况下,μ、ρ 均可为常数。

由于流量控制器保持油门开关压差 $\Delta p = p_T - p_1$ 为恒定值,则通过油门开关的流量可简单表示为 $m_f = m_f(\alpha)$。

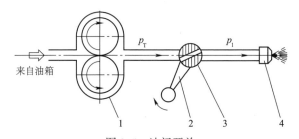

图 3.5 油门开关

1—齿轮泵;2—油门杆;3—油门开关;4—喷嘴。

由此可见,由流量控制器供给发动机的燃油量只随油门杆的位置而变,当油门杆的位置不变时,供往发动机的燃油量保持不变。当需要改变发动机的工作状态,如要增加转速时,只需推油门增大供油量即可。在流量控制器中,油门开

关起计量油量的作用。油门开关的开度是由计算部分和油门杆来控制的。

燃油调节器的计算部分感测来自发动机的工作参数(如前面提到的发动机进气温度、转子转速等)、飞行情况(飞行高度、速度等)和油门杆的位置,计算发动机的燃油需要量,调节计量活门的开度,以防止发动机出现过热、失速、喘振和熄火等。前推油门杆时,计算部分就会增加计量活门的开度,使供油量增加。但供油量的增加是逐渐增加上去的,使发动机的转速按照一定的加速度来增加,以防止供油量一下增加太多,造成发动机过热或转速增加太快而超转。同样,收回油门杆时,计算部分也会操纵计量部分使计量活门的开度减小,使发动机按一定的速度减速,避免出现熄火现象。对于双转子或三转子发动机来说,一般是按高压转子转速的变化率来控制加、减速。

2. 机械式燃油控制系统

下面以某涡轴发动机燃油系统为例介绍机械式燃油控制系统的工作原理。

根据用途和压力值,可将该型发动机燃油系统分为四个部分:低压装置、燃油调节器、燃油活门组件和燃油喷油系统。燃油系统的组成如图3.6所示。

低压装置主要包括引射器(带动态活门)、燃油压力低开关、低压油滤(带预堵塞压力开关、旁通活门和目视堵塞指示器)等。低压装置是直升机的一部分,用来保证储油和输送燃油。

燃油调节器包括燃油泵(带释压活门)、油滤(带旁通活门)、减压活门、手动操纵燃油流量、自由(动力)涡轮调速器、燃气发生器调速器、加速控制器、计量装置(工作活塞、计量油针、等压差活门)和最小燃油流量装置。燃油调节器用来保证调节发动机燃烧室的供油量,包括燃油泵、流量调节器、转速调节器和加减速调节器等部件。

燃油活门组件包括压力活门、起动电磁活门、喷油分配活门和清洗活门。

燃油喷油系统包括2个起动喷嘴、1个优先喷嘴和9个主喷嘴。

如图3.7所示,燃油系统的基本工作流程如下。

(1) 起动前燃油泵不工作,系统无压力;减压活门打开,操纵杆在"停车"位置;燃油流量活门关闭,计量油针受操纵杆控制保持关闭(工作活塞在全打开止动位置);压力活门关闭,喷油分配活门关闭,动态活门关闭;起动电磁活门在起动喷嘴通风位置(没有通电);单向活门关闭。

(2) 起动时,先开启直升机主泵(油箱内增压泵),燃油压力使燃油调节器内的单向活门打开,燃油通过清洗阀门流回油箱。然后,将油门手柄转到起动位置后按下起动按钮,起动电机带动燃气发生器旋转,点火系统工作,点火电嘴发出火花,起动电磁阀激磁打开。

燃油泵(高压泵)压力增加,关闭清洗阀门,燃油流向起动喷嘴。只要燃油

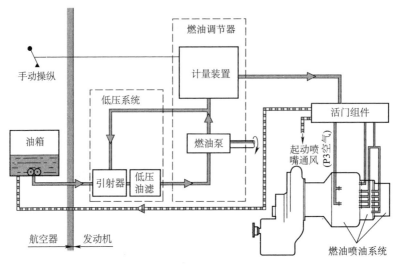

图 3.6 燃油系统的组成

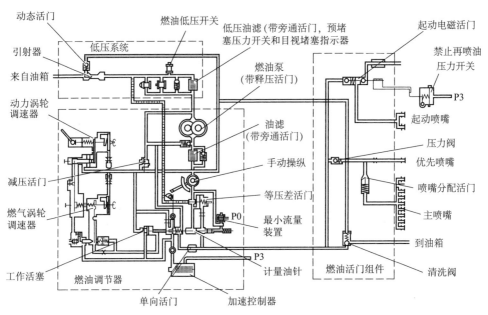

图 3.7 燃油系统原理图

压力达到足够大,压力活门马上打开,燃油流向优先喷嘴和主喷嘴。点火成功(燃气温度和速度上升),燃油流量由计量活门计量。等压差活门工作,多余燃油返回油泵进口。达到自维持速度后松开起动按钮,起动电机、点火系统、起动电磁阀门不再供电。压气机出口 P3 空气给起动喷嘴通风并防止再次点火。燃气发生器转速 N1 达到 50%~60% 后,引射动态阀门打开,一部分高压油返回此处使引射泵工作。发动机起动时,油量由计量阀门控制,实质是手动操纵。N1 达到 50%~60% 后,转为 N1 调速器进行油量控制。此时,直升机主泵可以关闭。

(3) 正常工作时,发动机需要的燃油量由计量油针控制。计量油针位置由燃油调节器决定。燃油泵的燃油供应量总是大于发动机的需求量。多余的燃油通过等压差阀门返回到燃油泵进口。P3 空气一直给起动喷嘴通风。

(4) 发动机停车时,操纵杆返回到完全停车位置。供油被切断,发动机停车。

(5) 在燃油调节系统失效的情况下,起动至加速范围内,可以通过手动操纵减少燃油流量。

3.2.5 数字式电子控制系统

随着飞机技术、发动机技术和控制系统技术的不断发展,燃气涡轮发动机控制技术得到不断的提高。由于现代飞机任务剖面的不断拓宽,对发动机的控制提出了更高的要求,早期采用的机械液压式控制方式已经不能胜任。为了更准确地控制发动机,减轻驾驶员的负担,提高系统可靠性,现代航空燃气涡轮发动机均采用较先进的监控式数字电子控制系统或更先进的全权限数字电子控制(full authority digtal engine control,FADEC)系统。

监控式数字电子控制系统是指在原有的机械液压调节器上再增加一个电子控制器,二者共同实施对发动机的控制。发动机控制的主要功能仍然由机械液压式调节器完成,如转速控制与起动、加速、减速控制等。发动机电子控制器的作用主要有监控和限制两方面,保证发动机不超出工作限制。

FADEC 系统以数字电子计算机为控制中心,以数字量进行控制过程运算。FADEC 系统的优点是逻辑功能强,综合能力强,控制精度高,可适应复杂的控制规律要求,通过计算程序以数字运算形式实现,使发动机能在最优性能和最安全的工作条件下工作,拓宽直升机的使用包线,大大减轻驾驶员的负担。同时,在改变发动机控制规律时,无须再增加新元件,只需修改软件,而软件的改变较为容易,通用性很强。从全寿命周期角度来看,其最大的优越性还在于能有效地制订发动机的维修计划。

1. 系统概述

1) 发展概况

航空发动机的电子控制系统可以分为模拟式、数字式和数模混合式。它的发展过程与发动机技术的发展密切相关,是控制理论和电子技术相结合的产物,尤其随着计算机技术的迅速发展，极大地促进了发动机数字式电子控制系统的发展。

早期的航空发动机控制参数少，且控制规律简单，传统的机械液压式控制系统能够胜任发动机的控制任务。随着现代航空发动机技术的发展，对控制系统的要求越来越高，需要控制的参数越来越多，控制规律也越来越复杂，这就使得机械液压式控制系统越来越复杂，且无法完全满足发动机的控制要求。于是，人们开始寻求新型的控制方式和控制系统。

大约在20世纪50年代，人们研制成功了模拟式电子控制装置。最初，模拟式电子控制装置仅作为机械液压式控制系统的辅助控制装置，主要用于对机械液压式控制系统局部功能的调整和补充。随着电子技术的发展，这种模拟式电子控制装置的功能也在逐步扩大。这种含有模拟式电子控制装置的机械液压式控制系统通常也称为机液式主控－电子式监控的混合式控制系统，它在RB211、TF41、TF30、"斯贝"和"飞马"等航空发动机上得到了应用。

20世纪60年代末期，模拟式电子控制装置已逐步发展成模拟式电子控制系统，并在一些发动机上取代了传统机械液压式控制系统的部分控制功能，成为这些发动机控制系统中的重要组成部分之一。

到了20世纪70年代，航空发动机技术有了很大的发展，相应地要求发动机控制系统能够控制的参数也越来越多，如那时开始研制的加力式涡扇发动机，仅发动机本身需要控制的参数就多达10个以上，另外还有4、5个被控参数属于进气道部分。然而，模拟式电子控制系统存在精度低、体积和重量大、可靠性差等问题，因此，在这种情况下要达到航空动力装置性能最佳，模拟式电子控制系统已显得力不从心。大约在20世纪70年代，美、英、法等国家在继续发展模拟式电子控制系统的同时，先后开始了全功能数字式电子控制器的研制工作。

在20世纪70年代，大规模和超大规模集成电路的发展促进了微型计算机的迅速发展，进而促进了发动机数字式电子控制系统的发展。此时，一直影响数字式电子控制系统应用的可靠性问题也已通过提高元件、部件的可靠性和控制系统的设计技术得到了基本解决，且成本也在不断下降。因此，发动机数字式电子控制系统的研制工作有了很大的进展，已进入应用研究阶段。美国在PW2037发动机上采用了全功能数字式电子控制系统，该控制系统首次用电子信息完全取代钢索、传动杆和机械液压式附件的传动装置。

由于数字式电子控制明显优于模拟式控制，因此，美、英等国20世纪80年代以后开始研制的新型发动机几乎都采用数字式电子控制系统。目前，航空科学技术的发展要求发动机的控制同飞行控制系统和故障诊断系统相结合，形成飞行器综合控制系统，以便最佳地发挥飞行器的效能。因此，国外正在探索和研究现代控制理论在航空动力装置上的应用,即将数字计算机技术和现代控制理论相结合,以实现多变量最优控制和自适应控制等。可以预见,一旦这类新型的控制系统研制成功,必将使航空动力装置的控制进入一个崭新的发展阶段,航空发动机技术也必将得到一个飞跃。

2) 数字式电子控制系统的优点

数字式电子控制系统主要有以下优点:

(1) 能够实现复杂的控制规律,保证发动机的性能最优。数字式电子控制系统的计算能力强,能够迅速处理多路信息,且控制精度高。此外,它还具有逻辑判断、信号存储和分时控制等特点。所以,数字式电子控制系统能够实现复杂的发动机控制规律,使发动机性能最优,具体来说就是:能不断地调定发动机的推力(功率)值,以实现推力(功率)的最佳控制,并实现最低耗油率;能够改善发动机过渡态特性;能够提高发动机安全工作的能力。

(2) 有效地减轻飞行员的工作负荷。数字式电子控制系统能够实现发动机的自动起动、环境条件变化时的自动补偿和更多的监控保护功能,使发动机操纵的自动化程度得到很大的提高,从而大大减轻飞行员的工作负荷。

(3) 数字式电子控制系统的设计更改性好。由于计算机程序的可更改性好,可以通过修改软件来修改设计,实现发动机控制方案的变动,以寻找最佳控制性能。

(4) 数字式电子控制系统的可靠性较好。由于数字式电子控制系统元件、部件的可靠性不断提高,加之余度控制技术、故障诊断和恢复功能的实现,使数字式电子控制系统的可靠性有了很大的提高。同时,系统控制精度的提高使发动机超温、超转、超压和过应力的现象得以减少,从而使发动机的工作可靠性也得到了较大的改善。

(5) 数字式电子控制系统的维修性好。数字式电子控制系统所具有的自测试、故障诊断和记忆等功能,不仅为控制系统自身的维修带来了方便,而且可为发动机的故障排除提供有用的信息。此外,更换控制装置时可以免去开车调整,因而可以减少维修工作量,并降低维修成本。

2. 数字式电子控制系统的基本工作原理

1) 概述

发动机数字式电子控制系统是数字计算机和自动控制技术相结合的产物。在发动机数字式电子控制系统中,用数字计算机替代常规模拟控制器,按预先给定的控制算法(规律),对控制对象(发动机)实施控制。由于计算机发出的控制信号直接作用于被控制对象,故这种数字式电子控制系统称为直接数字式电子控制系统。另外,为了实施计算机控制,必须配备必要的外围设备,这类配有为完成控制任务的外围设备的计算机称为控制计算机。因此，发动机数字式电子控制系统一般由机载数字控制计算机（包括外围设备）、传感器、执行器和发动机等组成（图 3.8）。

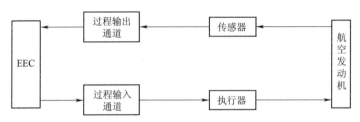

图 3.8　发动机数字式电子控制系统的组成

发动机与控制计算机之间通过各种传感器和执行器进行交换。传感器从发动机感测的参数有转速、流量、压力、温度和位移等。此外，传感器还感测与大气条件和飞行状态有关的参数，如大气温度、大气压力和飞行马赫数等。控制计算机传输给执行器的信号有油门角度、点火指令、进排气门开度、喷口面积和导向叶片转角等。

从传感器传来的测量信号一般为模拟量，所以要先通过外围设备中的过程输入通道转换成数字计算机所能接收的数字信号。计算机按照事先编制的、反映发动机工作规律的程序（数学模型）对这些信息进行处理，并将处理结果（控制信号）输出。由于计算机输出的控制信号也是数字量，故要由过程输出通道将其转换成模拟量，再传输给执行器，驱动执行器，以控制发动机，从而实现闭环控制。

2）基本工作原理

下面通过论述数字式电子控制系统各组成部分的工作原理来介绍整个控制系统的基本工作原理。

（1）传感器和执行器。传感器是感受发动机状态信息、飞行条件和外部信息的元件。传感器所测量的信号可能是电压、电流等电量，但大多数情况下是温度、压力、转速和位移等非电量。传感器测量这些物理量，并将其转换成电信号后再输出，这些输出的信号一般是连续的模拟信号。

用作数字式电子控制系统的传感器有多种类型，主要有压力、流量、转速、温度和位置传感器等。以转速传感器为例，常用的转速传感器有测速电机和电磁式转速传感器。测速电机是一个二极三相的微型发电机，它输出的电压和频率与转速成正比，所以，可以取其电压信号表示转速，也可以用其频率信号表示转速。由于输出的电压易受温度的影响，在工作过程中有波动，所以用频率信号表示转速较为准确。为了提高精度,使测速电机有较高的频率输出,往往使用多级电机,如六极三相发电机。电磁式转速传感器是一个绕有电磁线圈的脉冲探头,直接对着发动机轴上的某一齿轮。齿轮旋转时,其齿切割电磁线圈的磁力线,探头便发出脉冲信号,其输出频率与转速成正比。由于它是直接在发动机轴上测量,故比较准确。

执行器与传感器一样,一般都是连续模拟元件,它是将数字式电子控制系统的控制信号作用到控制对象上的元件。用作数字式电子控制系统的执行器也有多种类型,如电磁开关、电液伺服阀配液压动作筒和伺服电机等。如果所需的控制功率较小,也可以直接采用步进电机作为执行器。

(2)发动机电子控制器。发动机电子控制器(engine electronic controller,EEC)是数字式电子控制系统的核心。它在控制系统中的功用是:及时收集控制对象及外界的有关信息,进行数字的或逻辑的处理,然后通过执行器将处理结果作用于控制对象,实施控制,以达到所要求的(或最佳的)性能。

(3)外围设备。作为控制计算机,还必须具备能把控制对象与计算机进行联系的过程输入、输出通道。过程输入、输出通道一方面通过传感器把发动机工作参数和外界的有关参数取出,经过转换,变成计算机能够接收和识别的代码,以便计算机进行处理;另一方面,又把计算机做出的控制决定变成操纵执行器的控制信号。

有时把主机以外的输入、输出设备称为外部或外围设备。但为了便于区分,通常把所有的输入、输出设备统称为外部设备(包括外存储器),而把控制计算机所特有的连接控制对象的过程输入、输出通道或设备称为外围设备。因此,外围设备是控制计算机连接传感器(一次仪表)和执行器的桥梁,也是控制系统中的重要设备。

控制计算机的外围设备大致分为过程输入通道和过程输出通道。过程输入通道完成模拟量输入(包括采样器、放大器和模数转换器等)和数字量输入(包括数字代码输入、开关量输入、脉冲量输入);过程输出通道完成模拟量输出、数字量输出和显示、报警、制表等。

3. 机械液压式系统、监控式数字电子控制系统和 FADEC 式燃油控制系统的比较

机械液压式燃油控制器和电子监控型燃油控制系统类似,对燃油的控制都是通过机械液压式燃油调节器来完成的。机械液压式燃油调节器包括两个部分:计算和计量。计算部分包括感受发动机参数,如压力、温度、转速和飞行高度等的元件(膜盒、活门等),以及计算这些参数的杆系、凸轮、活门等。计算部分先把压力、温度和转速等信号变成液压信号或活门、杆系、凸轮等的移动,然后再

驱动计量部分。这样其反应速度、响应速度和控制精度都要低些。工作久了,杆系、凸轮形面等的磨损也会使控制精度下降。监控式数字电子控制系统在控制精度方面得到了提高,但控制范围受到限制。在 FADEC 的燃油系统中,参数的感受和计算都由 EEC 来完成,并且在 EEC 内把它们转换成电信号,经处理器处理、计算,按控制规律给出发动机所需的燃油量,然后再以电流的形式传给燃油计量组件(fuel metering unit,FMU),即计量组件实施 EEC 的命令。换句话说,前面提到的参数的感受和计算中的计算部分是由 EEC 来完的,而 FMU 只是计量部分。不管是从反应速度,还是从感应精度、控制精度来说,EEC 都要比机械液压式的计算机构好,并且 EEC 与 FMU 之间也是靠电信号联系在一起的,其反应速度也比机械液压式的快。这也是 FADEC 式燃油控制系统比机械液压式燃油控制系统精度高、反应快的原因。由此可知,FADEC 系统也比前面两种系统的控制范围更大。由于电子系统的余度设计,也使其控制系统更安全、更可靠。

3.3 空气系统

燃气涡轮发动机的空气系统定义为那些对发动机功率产生无直接影响的空气流路。对于发动机的安全和有效工作,空气系统起到很重要的作用。空气系统的功能包括发动机的内部冷却和附件装置的冷却、轴承腔密封、防止热燃气吸入涡轮盘的空腔、控制轴承的轴向载荷、控制涡轮转子叶片的叶尖间隙以及发动机防冰等,该系统还为直升机座舱提供空气。当空气逐级流过压气机时,对空气做的功在增加,从而提高了其压力和温度。因此,为了减少发动机的性能损失,应当按照每个特定的功能要求尽可能从压气机前几级抽取空气。冷却空气经由通风系统排出机外或在尽可能高的压力下进入发动机的主燃气流,可以恢复一部分性能。

3.3.1 冷却

在燃气涡轮发动机设计阶段的一项重要考虑是,保证发动机的某些零件以及在特定情况下某些附件吸收的热量不会达到危及其安全工作的程度。需要空气冷却的主要区域是涡轮、轴承腔和某些附件。

1. 涡轮冷却

冷却空气用于控制压气机轴和盘的温度,既可以对其冷却,也可以为它们加热。这样就保证了温度的均匀分布,并通过控制热膨胀,保持最小的叶尖和密封间隙,改善了发动机效率。典型的内部空气流如图 3.9 所示。

高的热效率取决于高的涡轮进口温度,它受涡轮转子叶片和涡轮导向叶片材料的限制。对这些部件进行连续不断的冷却可以允许它们的工作温度超过材料的熔点而不影响涡轮叶片的结构性能。从涡轮转子叶片向涡轮盘的热传导要求对轮盘加以冷却,从而防止热疲劳以及不可控的膨胀率和收缩率。

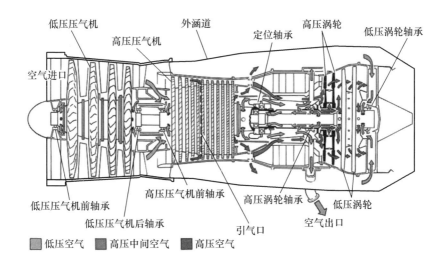

图 3.9　内部空气流

图 3.10 所示为气冷式导向叶片和涡轮转子叶片的冷却布置图。涡轮导向叶片和涡轮转子叶片的寿命不仅取决于它们的结构形式,而且还与冷却方法有关,因此内部流道的气流设计很重要。在整个燃气涡轮的发展历程中,曾经对涡轮导向叶片和涡轮转子叶片使用过许多的冷却方法。一般的情况下,单通道内部(对流)冷却具有很强的实用效果。但是,在研究中又实现了多通道内部冷却涡轮转子叶片,带外部气膜冷却冲击式冷却导向叶片,这种外部气膜冷却在导向叶片和转子叶片均有采用,如图 3.11 和图 3.12 所示。

"预旋喷嘴"(图 3.10)降低了通往轮盘用于叶片冷却空气的压力和温度,该喷嘴还使空气得到较大的周向速度,以帮助空气有效进入旋转冷却通道。

2. 轴承腔冷却

在正常情况下,不需要用空气来冷却发动机的轴承腔,因为滑油系统对于冷却来说是足够的。而且只要有可能,轴承腔总是被安排在发动机较冷的部位。在需要额外冷却的情况下,好的做法是设置一个双层壁的轴承座,让冷却空气通入其中间的空腔。

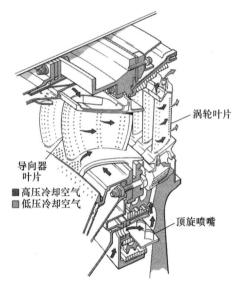

图 3.10　气冷式导向叶片和涡轮转子叶片的冷却布置图

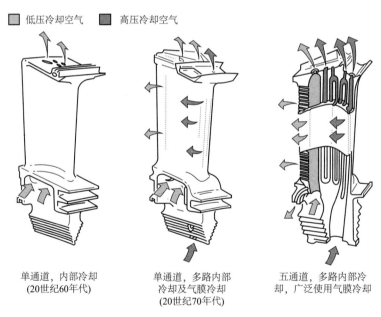

图 3.11　涡轮转子叶片冷却的发展

3. 附件冷却

发动机的一些附件工作时会产生大量的热,其中发电机便是一例。这些附

第 3 章 燃气涡轮发动机工作系统

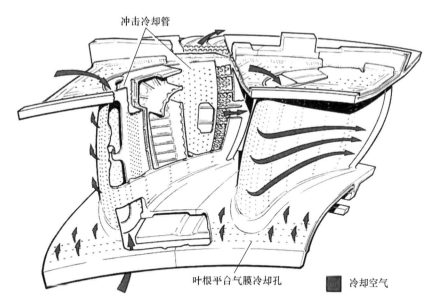

图 3.12 涡轮导向叶片的结构和冷却

件常常需要有自己的冷却通路。当用空气进行冷却时,气源可以是压气机,或者是从发动机进气道的引气口引入的外界空气。

当一个附件装置在飞行中由外界空气冷却时,通常需要配备一条诱导通路,以便在地面静态运转没有外部空气流的时候使用。使压气机输出的空气通过附件冷却空气导管处的一些喷嘴来实现。流经这些喷嘴的压气机输出空气速度造成了一个低压区,这个低压区形成了一个引射器,由此来引射一股外界大气空气。为了保证该引射器系统仅仅在地面工作,来自压气机的空气由一个活门控制。带引射器的发电机冷却系统如图 3.13 所示。

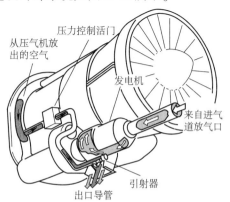

图 3.13 带引射器的发电机冷却系统

3.3.2 密封

密封件用于防止滑油从发动机轴承腔泄漏,控制冷却空气流和防止主气流的燃气进入涡轮盘空腔。在燃气涡轮发动机上使用了多种密封方法,选择哪种密封方法取决于周围的温度、压力、磨蚀性、发热量、重量、可用空间,并且应易于制造、安装和拆卸。图 3.14 所示为一种假设的涡轮冷却和密封设计,用来表明密封件密封的使用方法。

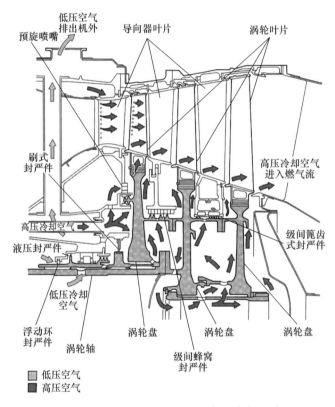

图 3.14　一种假设的涡轮冷却和密封设计

1. 篦齿式密封

篦齿式密封广泛用来封严轴承腔中的滑油,它还用作控制内部空气流的限流装置。几种篦齿式密封方法如图 3.15(a)、(b)、(c)所示。篦齿式密封包括一个带篦齿的转子和一个静止的密封衬套。为减少密封泄漏,往往采用小间隙设计,即在非工作点上允许接触摩擦。为保证在发生摩擦时保持正常稳定的工作,其静止的衬套一般设计成可磨耗的。除衬套喷涂可磨耗材料、复合毡、金属蜂窝外,相匹配的篦齿也喷涂硬质涂层,减少因气体传热、摩擦生热对齿尖造成的过热而产生重磨损。由于陶瓷的热硬性高,可迅速切除涂层或蜂窝,以避免不稳定摩擦。每个密封篦齿的前后存在一定的压力,使得密封空气从密封篦齿的一侧流到另一侧受到限制。当这种封严件用于轴承腔密封时,它只允许空气从轴承腔的外侧流入内侧,从而防止滑油泄漏。这股气流还可增加密封腔压力,有助于滑油回油系统。因此由于两根旋转轴同时发生弯曲,两根旋转轴之间的密封件,更易导致篦齿与磨耗材料之间的摩擦,这会产生过量的热,使轴损坏,采用图 3.15(a)所示的结构,可减少热量的产生。

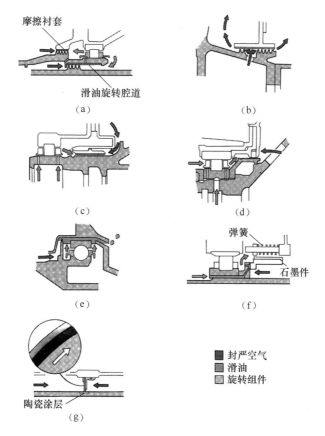

图 3.15 几种典型的密封方法

(a)液体和摩擦衬套篦齿式封严件;(b)级间连续槽(篦齿式)空气封严件;(c)螺纹式(篦齿式)滑油封严件;(d)浮动环式滑油封严件;(e)轴间液压封严件;(f)石墨封严件;(g)刷式封严件。

2. 环形密封

环形密封件用于轴承腔的密封,但是高温区除外,这是因为高温会使滑油结焦,导致环形件卡在压气机机匣中。环形密封件(图3.15(d))有一个金属环,它安置在与静止机匣紧密结合的槽中。该环和旋转轴之间的正常运转间隙比篦齿式密封件所能达到的间隙更小。这是因为无论何时,当轴接触这个环的时候,环可以在其所在的机匣内移动。这种密封方法常常应用于两个旋转件之间来密封轴承腔。

3. 液压密封

液压密封(图3.15(e))由一个密封齿浸在一个滑油环带中形成,这个滑油环带是由离心力造成的。轴承腔内外的任何空气压差由齿两侧的滑油油面差补偿。

4. 石墨密封

图3.15(f)含有一个静止的石墨环构件,它不断地与旋转轴的套环相摩擦。用弹簧使石墨与套环保持接触。这种类型的密封依靠良好的接触,它不允许任何滑油或空气漏过,因摩擦造成的热由滑油系统带走。

5. 刷式密封

刷式密封(图3.15(g))是一个由很多细钢丝制成的刷组成的静止环。它们不断地与旋转轴相接触,与硬的陶瓷涂层相摩擦。这种密封件的优点是可以承受径向摩擦而不增加渗漏。

防止高温主燃气流吸入涡轮盘的空腔非常重要,因为这会导致过热并引起有害的热膨胀和疲劳。涡轮环腔内的压力迫使旋转的轮盘和相邻的静止零件之间的高温燃气进入涡轮盘轮缘的空间。通过不断地向轮盘空腔供入足量的冷却和密封空气,来阻挡高温燃气的向里流动,达到防止燃气吸入的目的。冷却和密封空气的流量和压力由级间密封件(图3.15(e))控制。

3.3.3 轴承载荷控制

发动机轴承受交变的轴向燃气载荷作用,在压气机中是向前的,在涡轮上是向后的(图3.16)。压气机与涡轮之间的轴便经常处于拉伸应力之下,载荷之间的差值则由装在静止机匣上的定位轴承(又称止推轴承)承受。内部空气的压力作用在一个固定直径的压力平衡密封件上,以保证在整个发动机推力范围内,定位轴承承受的载荷在控制范围内。

3.3.4 飞机座舱服务

为了进行座舱增压、机体防冰和座舱供热,从压气机中引出了大量的空气。最好是从压气机前几级引气,以减小对发动机性能的影响。但是,在飞行循环的某些阶段,可能需要将引气部位变换到压气机的后面级,以维持足够的压力和温度。

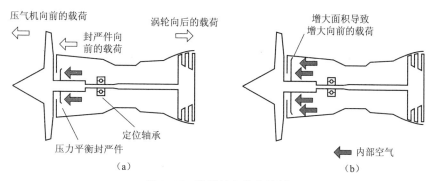

图 3.16 轴承轴向载荷控制

3.4 起动系统

3.4.1 燃气涡轮发动机的起动过程

1. 燃气涡轮发动机起动的基本概念

燃气涡轮发动机的起动是指燃气发生器转子由静止状态开始转动并加速到慢车转速的过程。虽然发动机的这一过渡过程通常只经历几十秒,在每次发动机循环中所占比例极小,但是想要使发动机每次都能够迅速、安全、可靠地起动并不是件容易的事。因为在起动过程中,发动机处于非稳定工作状态,起动的可靠性以及动态过程的优劣取决于发动机本身的性能、起动机特性、起动程序和燃烧室的供油规律等。另外,外界因素对起动也有大的影响。

虽然涡轴发动机和涡桨发动机与涡喷发动机不同,具有与涡轮无机械联系的自由涡轮,但在起动开始,当压气机增压比和涡轮前燃气温度不高时,燃气的焓降全部在涡轮中进行,这时自由涡轮转子和与其相联的旋翼实际上是不转动的。只有随着燃气发生器转速增加,压气机增压比和涡轮前燃气温度增加到一定程度时,自由涡轮和旋翼才平稳地转动起来。因此,燃气涡轮发动机的起动,实质上都是发动机的燃气发生器转子的起动。

发动机的起动是指燃气发生器转子由静止状态开始转动并加速到慢车转速。因此,发动机的起动过程,实际上是一个加速过程。要使发动机的燃气发生器转子加速,涡轮功率 N_T 必须大于压气机功率 N_k。可是从图 3.17 中看出,发动机在开始起动时,转子处于静止状态,涡轮功率等于零;在最小转速(图中 n_{min})以下,即使把涡轮前燃气温度 T_3 提高到最大允许值,涡轮发出的功率始终小于压气机需要的功率。因此,发动机的起动必须要借助外力。起动发动机所需的外力,由起动机供给。

2. 发动机起动过程的三个阶段

起动时,除了用起动机带动发动机的转子使其转动外,还需起动点火装置点燃混合气,以使发动机涡轮开始工作并发出功率。从起动机转动开始,经过燃烧室点火,过渡到发动机独立工作的慢车状态,其整个起动过程分为三个阶段,如图 3.18 所示。

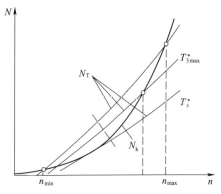

图 3.17　压气机与涡轮功率曲线　　图 3.18　发动机起动过程的三个阶段示意图

1) 起动机单独带动燃气发生器转子加速阶段

起动开始时,起动机带动发动机转子转动,同时,起动点火装置产生火源。当起动机带动发动机加速到转速 n_1 时,燃料系统开始向燃烧室供油,并与压气机送来的空气混合,组成新鲜混合气。混合气被点火源点燃后,便在燃烧室内形成稳定的火焰,这时涡轮开始发出功率,起动过程的第一阶段即告结束。在这一阶段中,燃气发生器转子全由起动机带动并加速,其剩余功率为

$$\Delta N_1 = N_{st} - N_k - N_m \tag{3.2}$$

式中:N_{st} 和 N_m 分别为起动机功率和克服机械损失及带动附件所需的功率;N_k 为带动燃气发生器转子所需的功率。

2) 起动机和涡轮共同带动燃气发生器转子加速阶段

这一阶段是从涡轮工作时起,到起动机停止工作时为止,即图 3.18 中转速从 n_1 到 n_2,该阶段的剩余功率为

$$\Delta N_2 = N_{st} + N_T - N_k - N_m \tag{3.3}$$

涡轮工作后其功率随转速上升而迅速增大,当转速超过图中 n_{min} 后,涡轮功率已超过压气机功率,这时涡轮已能单独带动压气机工作。但为了提高起动的可靠性,一般是当转速上升到 n_2(约为 14%~30%),涡轮功率已远远超过压气机

功率时，起动机才停止工作，此时起动点火装置也同时停止工作。在此阶段，起动机处于伴随状态工作，并且功率一般是减小的，如图 3.19 所示。

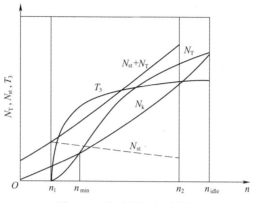

图 3.19 发动机的起动特性

3) 涡轮单独带动燃气发生器转子自行加速阶段

此阶段是从起动机停止工作的转速 n_2 起，到转速上升到慢车转速 n_{idle} 为止。在这一阶段中，燃气发生器转子由涡轮单独带动并加速，其剩余功率为

$$\Delta N_3 = N_T - N_k - N_m \tag{3.4}$$

从上述的起动过程可看出，起动过程第二阶段结束时，燃气发生器转子已进入到独立工作状态，即发动机已起动。所以，第三阶段是燃气发生器转子自行加速阶段。

3.4.2 起动系统的功用和要求

为了满足发动机在各种工作条件下对起动可靠性的要求，专门设计有起动系统。

1. 起动系统的功用

起动系统的功用是保证在发动机的工作包线内，在规定的高度、速度、姿态、温度、直升机引气和功率提取极限内，系统各部分（机械和电气）能按顺序完成各自的指令动作，从而将发动机无失速喘振、无超温、无故障地加速到慢车工作状态。起动系统是用来在地面保证发动机能迅速可靠地起动；在飞行中当发动机发生空中停车后，能保证进行空中开车；以及在必要时，对发动机进行冷开车、紧急停止起动等。

2. 起动系统应满足的要求

涡轴发动机起动系统应满足下列基本要求：

(1) 确保在起动过程中,尤其是起动过程的前段,起动机能提供足够的动力源。

(2) 在飞行包线内能可靠地起动。

(3) 在直升机有引气和功率提取的条件下能满意地起动。

(4) 发动机的起动程序应简单,且不需要严格计时。

(5) 在发动机的起动传动齿轮系中,应设置一个受剪部位,它是起动传动系统中最薄弱的环节。当起动机的扭矩过大时,该部位能自动断裂,以保护发动机起动传动齿轮系不受破坏。

(6) 当发动机在空中因各种原因停车后,系统能够保证再次起动。

(7) 根据设计需要,允许设置补氧系统,提高起动高度。

3.4.3 起动系统的主要附件

1. 起动机

起动机的作用是在发动机起动初期带转燃气发生器转子,提供起动功率。涡轴发动机常用的起动机有电动起动机和空气起动机。

1) 电动起动机

电动起动机有电动马达和起动发电机两种。电动马达能产生较高的扭矩,但所需的电量很高。这种起动机由于只在起动过程中使用,因此起动机内包含有离合机构。等发动机起动后,其能自动从发动机的驱动机构上脱开。

起动发电机是电动马达和发电机的组合,发动机起动过程中,起动发电机以电动马达状态工作,通过附件传动装置带转发动机;发动机在进入正常工作状态后,起动发电机转换为发电机工作状态,向飞机电网供直流电。所以这种起动机和发动机驱动机构之间总是结合在一起的,而不需离合分离机构。这种起动机在小型燃气涡轮发动机上应用较广。

2) 空气起动机

空气起动机以压缩空气为能源,它有一个轴流冲击式涡轮转子,通过减速齿轮和离合器把功传递到与发动机连接的输出轴上带转发动机,它一般用在压气机需要的功率较大的发动机上。

空气起动机本身不能独立工作,还要依靠别的气源为它提供一定压力(一般在275.8kPa左右)和高流量的压缩空气。提供这种压缩气的气源有三种:一是来自辅助动力装置(auxiliary power unit, APU)的压缩空气;二是两台发动机交叉引气;三是地面气源。

与电动起动机比,空气涡轮起动机产生的功率很大,但重量轻,所以被广泛用于现代燃气涡轮发动机上。空气涡轮起动机的结构示意图如图3.20所示。

图 3.21 是某空气涡轮起动机的结构图。

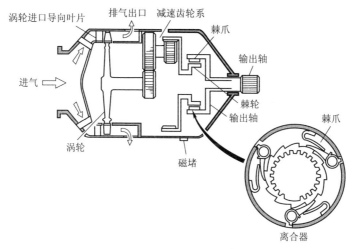

图 3.20　空气涡轮起动机结构示意图

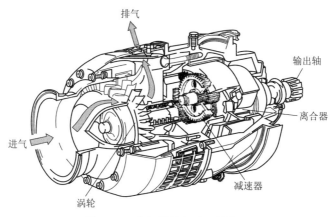

图 3.21　空气涡轮起动机结构图

2. 高能点火器

高能点火器把输入的低压电转换成高压电,通过点火导线送到点火电嘴。常用的高能点火器是电容储能放电式。当发动机刚停车后,若对点火系统做维护工作,应特别小心,一定要等高能点火器中的电容放电后再开展工作,否则触电的结果是致命的。

点火装置一般按能量核定,常见的点火系统有低能量和高能量两种。高能量一般为 10~20J,而低能量的约为 3~6J。

通常发动机上装有两套点火系统,每套点火系统都包含自己的高能点火器、点火电嘴和点火导线。两套点火系统可单独工作,也可共同工作。两个点火电嘴分别装在燃烧室的不同位置。从高能点火器到点火电嘴之间的高压导线有金属屏蔽编织网,起防干扰作用。空中起动时,为了保证成功,通常两套点火系统都工作。

3. 点火电嘴

点火电嘴安装在燃烧室内,电嘴放电产生电火花,点燃燃烧室内的油气混合气。点火系统有两个主要作用:一是在发动机起动过程中点火,包括地面起动和空中起动;二是在起飞、着陆和遇到恶劣天气等情况下,提供连续点火,以防止发动机熄火。点火电嘴按工作原理与结构的不同,可分为火花电嘴、电蚀电嘴、沿面电嘴、半导体电嘴和火炬电嘴。通常点火电嘴由带中心电极的绝缘体组件、带侧电极的壳体组件以及屏蔽管三部分组成。

典型的点火电嘴产生火花的频率约为每分钟 60~100 个火花。由于火花的强度很高,对电极的烧蚀就很大,因此要定期检查或更换点火电嘴。因为电极烧蚀后,电极间隙加大,从而影响单位时间内所产生的火花个数和火花强度。

点火电嘴的中央极一般由高温合金、钨、铱或镍基合金制成,壳体由高温合金或优质钢制成以承受燃烧室内的高温燃烧。电嘴工作久了,电极就会烧蚀,当烧蚀到一定程度,就要更换点火电嘴。

对点火电嘴在燃烧室内的安装深度有一定要求。若插入太深,在燃烧室工作过程中容易造成电嘴的烧蚀;若深度不够,会造成点火困难。所以,在更换点火电嘴时,一定要遵守维护手册中的规定。有的发动机在更换点火电嘴时,需要测量安装深度,通过选择不同厚度的垫片来调整安装深度。

4. 起动喷嘴

起动喷嘴通常为离心喷嘴,在发动机起动过程向燃烧室提供雾化燃油,起动结束后通压力空气防止积炭。详见第 2 章中燃烧室的基本构造部分的介绍。

3.5 监测与指示系统

发动机的工作时刻离不开调节与操纵,而这涉及大量的信号监测问题,如发动机转速信号、温度信号、压力信号、扭矩信号、结冰信号、火警信号和各种信号的指示等。发动机性能的好坏和工作是否正常,都是通过这样一系列具体信号、参数来体现的。为了了解和掌握发动机的工作情况,必须对一些信号和参数加以监测、指示,一方面通过监测参数反馈对发动机实施控制,另一方面向飞行人员提供直观的判断依据。为此,发动机设有一系列监测、指示装置。

3.5.1 监测与指示系统的功用和要求

1. 监测与指示系统的功用

1) 参数指示

通过驾驶舱内的仪表或发动机参数显示器,实时显示发动机燃气发生器转速、自由涡轮转速、涡轮前燃气温度、发动机输出扭矩、系统燃油量、燃油温度、燃油压力、滑油温度、滑油压力,以及电源系统的电流、电压等参数。

监测与指示系统不但能给出发动机的参数指示,而且还能监控、显示飞机其他各系统的工作情况。另外,当所监控的系统出现故障后,其还能给出故障指示或故障信息。为了区分不同级别的故障,显示故障信息时用不同的颜色来区分。

2) 超限保护

发动机工作过程中,某些工作参数可能会出现超限情况。当这些参数的指示要达到最大值时,相应的参数指示会自动变色。一般正常指示为绿色,当接近最大值时,指针和数字指示都变为琥珀色,当达到或超过最大值时,则变为红色,以视觉效果,明显地告知驾驶员,发动机的相应系统出现了故障。

对于涡轴发动机,当自由涡轮转速、涡轮前燃气温度达到规定值时,通过自动执行断油使发动机停车。

3) 告警

驾驶舱内有大量能提供发动机状态信息的指示灯,如滑油低压警告灯、燃油预堵指示灯、燃油压力低警告灯、超转指示灯、超转告警灯和故障警告灯等。

根据故障的严重程度,把发动机的故障信息分为告警信息、告诫信息和维护状态信息。为了区分告警和告诫信息,用红色文字表示告警信息,用琥珀色文字表示告诫信息,而维护状态信息显示在下屏幕上。

4) 记录

记录发动机历程数据及系统内部故障信息。

2. 监测与指示系统应满足的基本要求

监测与指示系统应满足的基本要求有以下五点:

(1) 在地面和任何飞行条件下的所有工作状态,监测与指示系统应当保证各种附件可靠工作。

(2) 为确保发动机安全可靠工作,监测与指示参数要足够多,使飞行员能够全面地了解发动机的工作情况。

(3) 告警及时、准确,为飞行员正确处置争取时间。
(4) 监测与指示系统应具有容错和自检功能,提高系统的可靠性。
(5) 管路、接头应有足够的强度、冲击稳定性及抗干扰能力强。

3.5.2 监测与指示系统的工作原理

涡轴发动机的监测与指示系统需要实时测量转速、压力、温度、扭矩、结冰信号和火警信号等,为飞行员准确操纵飞机提供依据。

1. 转速监测装置

由于涡轴发动机普遍选择发动机转速作为被控制量,因此,转速敏感元件是测量发动机工作状态的最常用而且最重要的敏感元件。涡轴发动机中常用的转速敏感元件主要有以下四种类型:机械离心式转速敏感元件、液压离心式转速敏感元件、发电机式转速敏感元件、电磁脉冲式转速敏感元件。

四种转速敏感元件的特点如下:

(1) 机械离心式转速敏感元件属机械形式,结构简单,测量精度与动态特性欠佳,在发动机燃油调节系统的纯液压机械调节装置中使用广泛。

(2) 液压离心式转速敏感元件,由于其液体受温度影响,因此测量精度较差。

(3) 发电机式转速敏感元件分为直流测速电机与交流测速电机两种,虽工作可靠但较难达到高精度转速测量。

(4) 电磁脉冲式转速敏感元件是一种高精度的转速传感器,工作可靠,在发动机控制系统中使用较广泛。

1) 机械离心式转速敏感元件

图 3.22 所示是典型的机械离心式转速敏感元件,通常由支架、摆动销、离心块(飞重)、导杆和调准弹簧等组成。其中,离心块主要用来产生离心力,细杆部分称为摆动臂,摆动臂的末端称为尾足,尾足通常是圆弧形或球形。

常用离心块按结构形状可分为长方形和马蹄形两种,如图 3.23 所示。相比较而言,在质量和重心位置接近的条件下,马蹄形离心块的高度 H 较小,从而使离心块安装架的高度减小,也相应减小了整个元件的体积和质量。因此,马蹄形离心块目前被广泛采用。

从图 3.22(a)可以看出,离心块通过摆轴安装在支架上。发动机工作时,经传动机构离心块一起旋转。同时,离心块又绕摆轴摆动。调准弹簧用来调整平衡工作转速的大小。当给定调准作用量时,也就给定了平衡工作的转速值。

离心块因旋转而产生的离心力 F_c 可转换为轴向换算力 F_a,与另一端的调准

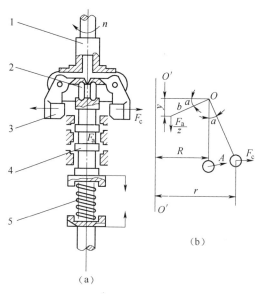

图 3.22 机械离心式转速敏感元件
(a)转速敏感元件;(b)离心块受力简图。
1—支架;2—摆动销;3—离心块;4—导杆;5—调准弹簧。

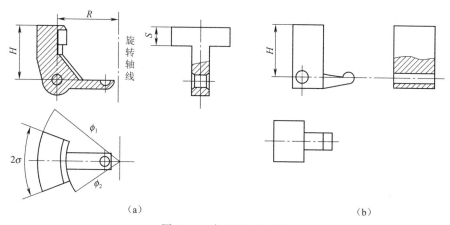

图 3.23 常用离心块形状
(a)马蹄形离心块;(b)长方形离心块。

弹簧力 F_s 相平衡,导杆就有一个确定的位置。当转速增加,偏离给定值有 Δn,离心块轴向换算力 $F_a > F_s$,弹簧被压缩,导杆就产生 Δy 的位移输出,建立新的平衡。由此可以看出,机械离心式转速测量元件的输入量是转速 n,输出量是导杆的位移 y。当转速改变时,离心力的轴向换算力改变,导杆平衡位置改变,输出位移随之改变。

2) 液压离心式转速敏感元件

图 3.24 所示的液压离心式转速敏感元件,是利用压差薄膜作感受转速变化的元件。油泵转子由发动机带动旋转,转子中心腔孔与油泵进口油路相通。当发动机工作时,由于转子离心力作用,将其中心腔孔的燃油经径向斜孔甩进转子外腔,使转子外腔油压 p_1 升高,p_1 与转速 n^2 成正比,将压力为 p_1 的燃油引入薄膜元件的上腔。在薄膜元件的上腔除受与转速相关的油压作用外,还受弹簧拉力的作用。在薄膜元件的下腔则受油泵进口油压作用力。在平衡状态下,薄膜上、下腔作用力相平衡,薄膜无位移输出。当转速偏离给定值时,力平衡被破坏,薄膜上、下腔压力差形成了作用于控制杆上的离心换算力,使控制杆移动,推动其他元件产生控制作用力。拉力弹簧的预紧力是该元件的调准作用量,它由调整螺钉 T 进行调正。

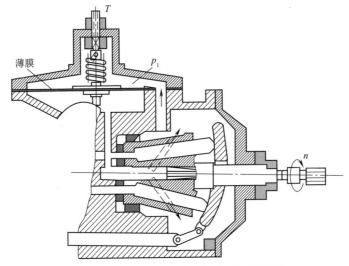

图 3.24　液压离心式转速敏感元件原理图

3) 发电机转速敏感元件

在电控系统中,往往要求测量元件能直接输出电信号,于是就要采用发电机式转速敏感元件,即测速发电机。

测速发电机是工业中常用的转速敏感元件,其工作原理与直流发电机一样主要有直流测速发电机和交流测速发电机两种。前者是直流电,电压与转速成正比;后者输出交流电频率与转速成正比。直流测速电机的输出特性受温度影响小,输出电压小,且正反转输出特性一致。直流测速发电机的组成包括主磁极(N、S)、电刷、换向器(A、B)、线圈(abcd)和输出电路等,如图 3.25 所示。被测转轴带动线圈在磁场中转动,根据电磁感应定律,在线圈中将产生与转速大小 n 呈一定比例的感应电动势。通过换向器和电刷,输出电路上将产生直流电。

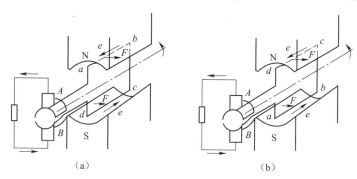

图 3.25　直流测速发电机
(a)线圈的 ab 边靠近 N 极而 cd 边靠近 S 极;(b)线圈的 ab 边靠近 S 极而 cd 边靠近 N 极。

测速发电机实质就是一个二级三相的微型发电机,其输出电压和频率都随转速成正比变化。当用电压作为输出信号时,由于绕组阻值会随温度变化,电压也会随之变化,从而产生误差。如用频率作为输出信号,当需要综合相似转速 $n/\sqrt{T_1}$ 信号时,还得转换成电压信号,需要用滤波器,惯性比较大,还不如直接输出电压。但一般发电机都由齿轮传动,故齿轮惯性、齿轮弹性变形以及齿隙的积累都会影响发电机的工作,引起转速信号脉动,从而使整个控制器不能稳定工作。实际上,机械式转速敏感元件也存在此问题,不过由于它反应迟钝,使这一缺点不太突出。

要解决上述问题,最好的方法是不用齿轮传动装置,而在转子轴上直接测量转速。于是在现代电控系统中,普遍采用了电磁脉冲式转速敏感元件。

4) 电磁脉冲式转速敏感元件

电磁脉冲式转速敏感元件也称为磁感探头,它的结构如图 3.26 所示,包括线圈、永久磁铁、软铁齿轮(也称音轮)。线圈绕在永久磁铁上,软铁齿轮与被测轴一起转动,齿顶与铁芯之间存在间隙 δ。每当一个齿扫过磁场,即有一个齿扫过铁芯,与铁芯之间的间隙 δ 由大变小再变大时,就改变一次磁路的磁阻。根据法拉第电磁感应定律,线圈中将会出现感应电信号,也就是线圈将输出一个脉冲信号。齿轮的连续转动将在线圈中输出一系列的脉冲信号,而这个脉冲信号频率的大小就反映了齿轮转过铁芯的快慢,即轴的转速。

由于直接在发动机轴上测量转速,不需机械转换,因此测量结果很准确。

将上述两种转速测量形式作比较,电磁式转速敏感元件是直接测量转轴转

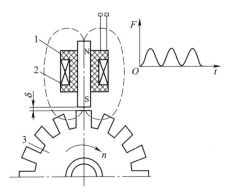

图 3.26 电磁脉冲式转速敏感元件
1—线圈；2—永久磁铁；3—软铁齿轮。

速,不需要中间的机械转换,因此测量结果很准确;而转速表发电机一般是转子转速经齿轮转换后才到达发电机,这样一来传动系统的误差会给转速测量带来一定的偏差。

2. 压力监测装置

压力敏感元件用来感受气体或液体的压力或压差,输出机械位移或力或电信号,以引起控制器工作。常用的压力敏感元件有刚性的,如定压活门;也有弹性的,如非金属材料做成的薄膜,弹性金属材料做成的膜片、膜盒、膜盒组和波纹管等。

1) 薄膜式压力敏感元件

薄膜一般采用夹纤维布胶膜,将其制成圆形,周围压有同心波纹圈,中心两边有铝合金夹板,由铆钉铆接,用以支承顶杆和弹簧。这种薄膜要能耐煤油、汽油、滑油及酸的腐蚀。高环境(120~500℃)中工作的薄膜可用玻璃纤维夹层的薄膜。薄膜的一面感受所要测量的油压(或气压)P_1,另一面则与压力为P_0的低压腔(或大气)相通。稳定工作时,薄膜上下压力差和弹簧力相等,薄膜不动,顶杆位置一定。当P_1发生变化时,薄膜移动,输出位移或力。

2) 膜片式压力敏感元件

膜片式压力敏感元件使用的元件是由弹性金属材料制成的圆形薄片,其厚度为0.06~1.8mm,为区别于非金属材料的薄膜而称为膜片。

膜片的材料一般采用锡青铜、铍青铜和不锈钢等。铍青铜的弹性极限高、滞环小、疲劳极限高,易于制成复杂的波纹形状且特性最稳定,是常用的材料。与薄膜一样,膜片根据所测压力(或压差)大小,输出力或产生挠度而输出中心位移。

膜片分为平膜片和波纹膜片两种,两种膜片根据需要都可以采用加硬中心的结构。波纹膜片是表面带有环状同心波纹的薄圆片,根据波纹形状的不同,又有正弦形、梯形、锯齿形、圆弧形等多种,常用的是梯形膜片。有的波纹膜片在边缘还加一道波纹,称为边缘波纹,边缘波纹的形状大致可分为圆弧形和筒形两种。

3) 膜盒式压力敏感元件

膜盒是由两个结构参数相同的波纹膜片沿圆周边焊接而成。将几个膜盒叠加起来就组成膜盒组,如图 3.27 所示。

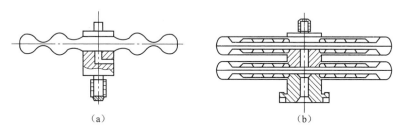

图 3.27 膜盒和膜盒组

在条件相同的情况下,膜盒的输出位移 y_b 是膜片的 2 倍,即

$$y_b = 2y \tag{3.5}$$

对于有 n 个膜盒的膜盒组,其总的输出位移 y_{nb} 为一膜片位移的 $2n$ 倍,即

$$y_{nb} = 2ny \tag{3.6}$$

膜盒和膜盒组在一端支承时,另一端的输出力与一片膜片的输出力相同。

根据膜盒是否密封,可分为开口膜盒和闭口膜盒两种。闭口膜盒又有真空膜盒和充填膜盒之分。开口膜盒内腔与外界液体或气体的压力相通,外面则与另一压力相通,用来测量膜盒内外的压力差。将密封膜盒内抽成真空,即是真空膜盒,可以用来测量绝对压力。充填膜盒在膜盒内充气体(如氮或氦)、液体(如乙醚)或饱和蒸汽等,用于测量盒外压力的变化,也可用来测量环境温度的变化或作温度影响的修正。膜盒在仪表测量上的应用如图 3.28 所示。

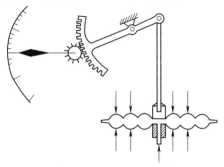

图 3.28 开口膜盒的应用示意图

4) 波纹管式压力敏感元件

波纹管是一种侧表面具有一定波纹形状、同心的弹性薄壁圆管,如图 3.29 所示。波纹管一端开口,另一端根据应用需要或者开口或者封闭。波纹管在沿其轴线方向的集中力作用下,可以伸长或缩短。若将波纹管开口端固定,封闭端处于自由状态,当通入液体或气体的压力改变时,波纹管相应有位移输出的变化。波纹管的位移大小与波纹管本身的刚度和载荷的大小有关。

由于波纹管构造简单、弹性较大,能在位移特性接近线性和有效面积近似不变的情况下产生较大的位移输出,故在动力装置控制中得到广泛的应用。它除了可以用作压力测量元件外,也可以用作温度测量元件、导管间的弹性接头等。

波纹管波纹截面形状有 U 形、C 形、Q 形、S 形和 V 形等,如图 3.29 所示。

一般波纹管是单层的,双层和多层的波纹管具有抗疲劳强度高、耐久性好、应力小等优点,适合于在有较大交变载荷的情况下工作。

波纹管的材料主要有黄铜、铍青铜、锡青铜和不锈钢,以及高弹性合金等。

由于波纹管的刚度较小,在测量或控制压力时,常常与螺旋弹簧并联起来使用,这样选用不同的弹簧与波纹管组合就可以得到不同位移特性的组合元件,从而适用多种测量范围的要求。

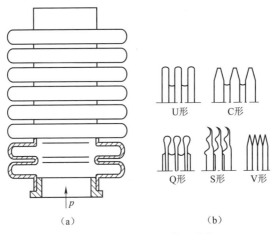

图 3.29　波纹管波纹截面形状

(a)波纹管截面(阴影部分);(b)5 种截面形状。

5) 活门式压力测量元件

活门式压力测量元件在发动机控制系统中应用也较多,它可直接感受压力或压差信号,如定压活门(定压阀)、定压差活门、燃油关断活门等。活门式压力测量元件的测压原理基于感受的承压作用力与弹簧力的平衡关系。以燃油关断活门为例(图3.30(a)),平衡状态下,活门下部油压力 p 与弹簧力相等。

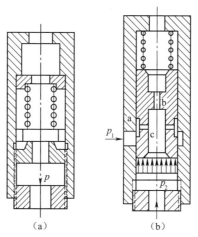

图3.30 活门式压力测量元件
(a)燃油关断活门;(b)定压活门。

定压活门是控制压力恒定,定压差活门是控制压差恒定。如图3.30(b)所示的定压活门,恒压的高压油 p_1 经可变节流孔 a 流入活门下部,再从下孔流出。当活门底部的压力 p_2 增大时,活门克服弹簧力向上移动,节流孔 a 的流通面积减小,流量下降,会使 p_2 略微下降,当活门下移停在一个比初始平衡位置稍上一点的位置时,压力 p_2 基本上恢复到原来的值。这就是定压活门的工作原理。

3. 温度监测装置

用来测量温度的元件称为温度敏感元件。目前常用的温度敏感元件主要有热电式、充填式、电阻式和双金属式。

1) 热电式温度敏感元件

热电式温度敏感元件是利用两种金属的热电现象,将被测介质的温度变化转换成电量的变化。

如图3.31所示,采用两种不同材料的金属丝,把它们的两端焊接起来,组成闭合回路。使接点 2 和高温(t_2)的物体相接触,称为热端或工作端。接点 1 和低温(t_1)的物体相接触,称为冷端或自由端。由于这两个接点温度不相等,两种金属内不同密度的自由电子的扩散能力就不相同,表现出不同的电势,热端电势大于冷端电势,即 $e(t_2) > e(t_1)$。整个回路电势 E 的大小就是接点 1 与接点 2 的电势之差,即

$$E = e(t_2) - e(t_1) \tag{3.7}$$

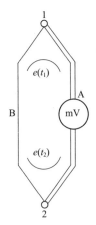

图 3.31　热电式温度敏感元件工作原理

当冷端温度 t_1 为常数,如 $t_1 = 0℃$ 时,有

$$E = e(t_2) - c \tag{3.8}$$

此时,E 的大小仅和热端温度有关,串联在回路中的毫伏表测出的电势代表了热端温度的高低。

由于热电式温度敏感元件结构简单,能承受振动,还便于远距离控制,维修方便,因此它仍得到广泛的应用。

2) 充填式温度敏感元件

充填式温度敏感元件是利用某种物质在温度变化时,其体积变化而产生压力或位移输出的原理制成的,按照充填介质的不同,可以分为充液式、充气式、充蒸气式等。

图 3.32 所示为一种充液式温度敏感元件。密封金属外套内安装有一个波纹管,波纹管上端焊在密封外套上,另一自由端则与顶杆焊在一起。波纹管和密封外套之间充满液体(或气体或饱和蒸汽)。当被测介质的温度改变时,充填液体的温度也随之改变。因此,液体的体积发生相应的变化,波纹管受到挤压或拉伸,其自由端产生向上或向下位移,从而带动顶杆也相应地移动,输出信号 y。所充填的液体一般为水银、二甲苯、甲醇、煤油等。

充气式通常充填惰性气体,如氮气、氦气等,其工作原理与充液式相同。

充蒸气式,通常充填低沸点的液体,如氯甲烷、丙酮等。当所感受的介质温度升高时,这种低沸点液体饱和蒸气压也相应升高,压缩波纹管,使波纹管向上移动,顶杆上移输出位移信号。在这种结构的密封外套内,通常 2/3 容积内充满低沸点液体,其余 1/3 容积内充满了它的蒸气。这样,它的密封外套尺寸可做得

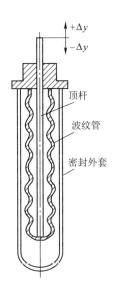

图 3.32 充液式温度敏感元件

比较小,而且灵敏度比较高,但其输入量和输出量之间线性度不好。

图 3.33 为一个螺旋毛细管式温度敏感元件,其螺旋管内充满某种气体(或饱和蒸汽)。把螺旋管置于被测介质中,当被测介质温度变化时,充填的气体(或饱和蒸汽)的压力发生变化,信号转换器(波纹管或膜盒等)感受此压力的变化而输出位移(或力)。

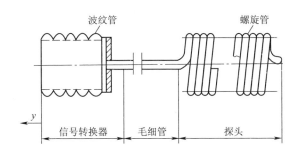

图 3.33 螺旋毛细管式温度敏感元件

充填式温度敏感元件工作可靠,但能感受的温度范围较小,故在发动机上主要用来测量压气机前的空气温度、燃油和滑油温度等。其主要特点如表 3-1 所列。

表 3.1　充填式温度敏感元件主要特点

类　　型	充液式	充气式	充蒸气式
能感受的下限温度/K	220	70	220
能感受的上限温度/K	420	820	570
时间常数/s	2~9	0.5~4	1~7
输入与输出关系	线性	线性	非线性
工作介质	煤油、水银等	氮气、氦气等	氯甲烷、丙酮等

3）电阻式温度敏感元件

电阻式温度敏感元件是利用导体或某些半导体的电阻值随温度变化的特性来测量温度的。这类敏感元件的输入量是温度，输出量是与电阻有关的电信号。对导体来说，温度升高，电阻值增大；对半导体来说，温度升高，电阻值下降。实验表明，温度每升高 1℃，一般金属导体的电阻值升高 0.4%~0.6%，半导体的电阻值下降 1.6%~5.8%。用导体制成的温度敏感元件称为热电阻，用半导体制成的温度敏感元件称为热敏电阻。

图 3.34 为常用的热电阻桥式测量线路原理图。平衡电桥由三个常值电阻 R_1、R_2、R_3 和一个热电阻 R_T 构成桥式电路的四个桥臂。热电阻放在被测介质中。在四个桥臂的一根对角线上接着源，而另一根对角线上接电流计或转换装置。当被测介质温度变化时，电阻值 R_T 也变化，桥式电路就会灵敏地感受温度的变化，并输出到转换装置上。

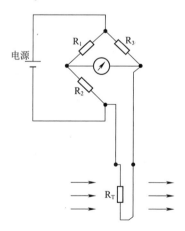

图 3.34　热电阻桥式测量线路原理图

4)双金属式温度敏感元件

双金属式温度敏感元件是由不同膨胀系数的两层金属片对焊在一起而制成的,其中,热膨胀系数大的一层称为主动层,热膨胀系数小的一层称为被动层。双金属温度测量元件可以做成各种形状,如平面片状、圆碟状、平面螺旋状等,如图 3.35 所示。

双金属式温度敏感元件的测温原理是基于温度改变时,双金属片产生弯曲的特性。例如,温度升高时,由于主动层的线膨胀系数大,伸长量大,被动层的线膨胀系数小,伸长量小。由于它们是牢固结合的,因此被动层必然对主动层产生牵制作用,从而使双金属片向被动层一边弯曲变形,这样双金属片便产生挠度,输出位移和力。

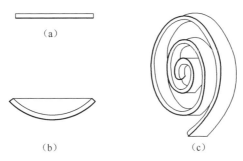

图 3.35 双金属温度敏感元件形状
(a)平面片状;(b)圆碟状;(c)平面螺旋状。

4. 扭矩监测与指示系统

1)组成

发动机扭矩监测系统包括扭矩测量器、扭矩压力传感器(装在发动机上,每台发动机各 1 个)和发动机参数指示器的扭矩指示部分。扭矩压力传感器是一个可变磁阻压力传感器,用来把调制滑油压力信号转变为电信号输送给座舱内的发动机参数指示器的扭矩指示部分。

2)扭矩测量器

发动机扭矩值是在减速器惰轮上测量的。这个螺旋斜齿轮是轴向力 p_A 的支承,p_A 与发动机扭矩成正比,轴向反力 R_A 与 p_A 相等。在 p_A 作用下,斜齿轮的轴向位移用来测量扭矩值 C_m。从发动机滑油泵来的滑油到达扭矩测量器的测量腔(A)。A 腔的滑油压力受横截面 f 大小的影响,而横截面 f 的面积大小随斜齿轮位置的变化而变化。如果扭矩值 C_m 增加,轴向反力 R_A 增加,使活塞向减少放泄流量的方向移走,A 腔压力增加;如果扭矩值 C_m 减小,A 腔压力也随之减小。所有的值(扭矩值、轴向反力、放泄量、A腔压力)都与发动机扭矩成正比。扭矩测量器工作原理图如图3.36所示。

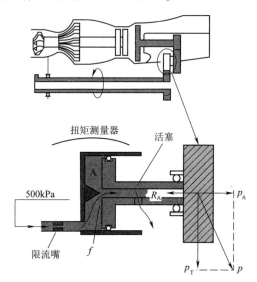

图3.36 扭矩测量器工作原理图

3)发动机扭矩监测系统工作原理

扭矩监测系统工作原理图如图3.37所示。感受A腔压力并随压力大小而变形的膜盒驱动在软铁枢的2个电磁铁线圈的磁场里转动的叶片。电磁线圈通过安装在指示器内的1个静态变流器提供1000Hz交流电,叶片的每一转动位置与A腔的一个压力值相对应,从而产生相应的磁阻值,该磁阻值随着间隙的减小而减小,磁阻值的改变引起电压和线圈中反相信号一起改变。线圈连到双针扭矩表指示器上,指示器的指针以与叶片同样的方式偏移。

5. 结冰状态监测装置

结冰状态监测装置主要包括同位素结冰信号器、警告灯和防冰加温系统。同位素结冰信号器利用放射性同位素发出的结冰信号自动接通防冰加温系统。

6. 火警监测装置

火警监测装置(火警探测器)是发动机灭火系统的组成部分,其功用是发现失火及时发出失火信号,并自动接通灭火设备。常用的火警监测装置有双金属片式和热电偶式两种。

1)双金属片式火警探测器

(1)结构形式(图3.38)。每个探测器都包含有一对双金属片,通常它们前部的触点是闭合的,如图3.39所示。前面双金属片是暴露的,后面双金属片是

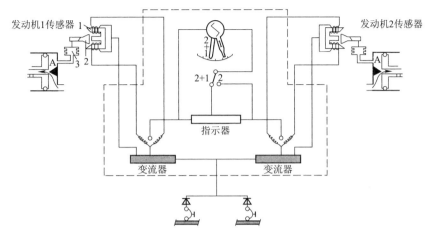

图 3.37 扭矩监测系统工作原理图
1—线圈；2—叶片；3—膜盒。

隔热的。每个金属片都与一个接线柱之间连接一个与两个金属片并联的电阻,该电阻装在绝缘管中。这些探测器串联在一起,然后通过监控电缆与安装在飞机上的"火警"和"故障"指示灯报警装置相接。

(2)工作原理。探测器中的双金属片为两种不同材料制成的金属片压在一起的感温元件。由于不同金属片的膨胀系数不同,当温度变化时,会引起金属片的弯曲,使金属片的自由端产生移动。双金属片自由端的位移量与温度的变化成正比。

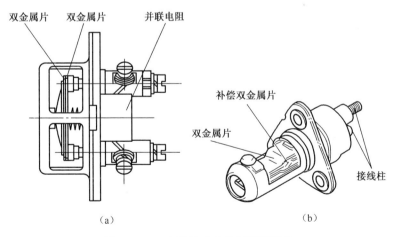

图 3.38 双金属片式火警探测器结构
(a)国产某型火警探测器;(b)法国产某型火警探测器。

当发动机舱内温度异常升高时,两金属片就以不同的速度朝着上止点移动。从图 3.39 可以看出,双金属片(图中 7)到达止动点后,双金属片(图中 1)继续位移,使触点断开,探测系统通过电阻形成通路,火警控制盒使火警信号灯亮。

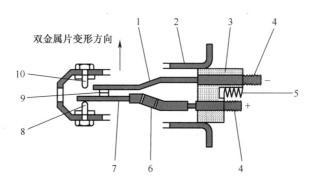

图 3.39　法国产某型火警探测器

1—未隔热的双金属片;2—火警探测器壳体;3—绝缘管;4—火警探测器接线柱;5—电阻;
6—隔热层;7—双金属片;8—低温止动钉;9—双金属片接触点;10—调定温度界限止动钉。

当发动机舱内发生火警时,双金属片变形,触点断开并立即使火警信号灯亮。如果热源消失,探测器使火警信号消失,告警灯熄灭。如果探测器失灵(导线断路、双金属片触点不闭合等),"故障"指示灯报警装置就会使"故障"指示灯亮起。

2) 热电偶式火警探测器

热电偶式火警探测器如图 3.40 所示。感温元件就是一个热电偶。工作端(热端)焊接在圆点上,非工作端(冷端)的两根金属丝是直接焊接的。工作端与非工作端分别在传感器座的暴露处,在它的周围没有与其他的东西隔绝,故当遇到火焰时,因圆点的面积大,热端的温度升高快,冷端升高慢,这时在两端之间就产生了温差电动势。几个热电偶所得到的总电动势相加,当温度突然升高时(受到火焰)可得到较大的电动势,足以吸合高灵敏度的极化继电器。

为了防止机械损伤,热电偶用罩子罩上。为防止极性混浊,感温元件的插钉直径不一样粗,正极 ϕ 为 2mm,负极 ϕ 为 1.5mm,感温元件装在插座上。

热电偶式火警探测器的工作原理是将热电偶式火警传感器分布在机上的易失火部位,当某舱内的温度高于规定值并温度上升的速度急剧增大,传感器周围温度很高时,产生温差电动势,这个电动势吸合一个灵敏度很高的极化继电器,接通火警信号电路(红色警告灯亮)和接通自动灭火电路,使灭火剂均匀喷出洒在失火舱内,达到灭火的目的。当接通火警信号的同时,还接通飞行自动记录仪,设备储存器的线路,记录起火情况。

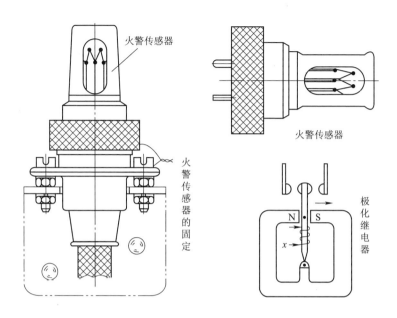

图 3.40 热电偶式火警探测器

3.5.3 监测与指示系统的主要附件

监测与指示系统的主要附件有传感器、电子调节器(极限状态限制器)、执行机构、指示仪表和指示灯,以及相应的导管和导线。

1. 传感器

传感器的功用是完成各种信号(转速、温度、压力、扭矩、火警和结冰信号等)的测量并把它转换成适当形式的输出。

2. 电子调节器(极限状态限制器)

传感器监测的各信号一部分传给电子调节器(极限状态限制器),电子调节器根据这些信号自动调节供油量,使发动机安全可靠地工作。如果发生超转等特殊情况及时切断供油,使发动机自动停车。电子调节器也会根据情况自动接通和断开防冰系统、放气活门,自动调节可转静子叶片的迎角等。

3. 执行机构

执行机构包括各继电器、电磁活门、液压作动筒等,主要作用是根据电子调节器的输出信号驱动各附件工作,调节发动机的供油量,或切断供油,接通或断开防冰系统,打开、关闭放气活门,操纵可转静子叶片迎角调节机构等。

4. 指示仪表和指示灯

指示仪表主要功用是直观显示发动机的各种工作参数和性能参数。主要监测参数有左(右)发动机燃气涡轮转速、自由涡轮转速、涡轮前燃气温度、滑油温度和压力、扭矩,以及左(右)发动机扭矩差、转速差。

指示灯(警告灯)提供发动机状态信息。主要的指示灯有滑油低压警告灯、滑油预堵塞指示灯、燃油压力低警告灯、超转指示和警告灯、故障警告灯、放气活门位置和防冰状态指示灯等。

目前,较先进的涡轴发动机采用数字式参数显示方式取代指针式的仪表。所有发动机的监测参数都集中在发动机综合参数显示器上,显示器面板上设置有对比度、亮度调节旋钮,并设置有发动机历程参数读取、画面切换、白天显示、夜间显示按键。

3.6 防冰系统

当发动机在地面工作时,若外界温度较低,并且湿度较大时,如下雨、下雪、有雾等,或飞机穿越含水量高的云层时,发动机的某些部位,如进气道前缘、进气整流锥等,就可能结冰,形成坚硬、透明的冰层或者粗糙的白霜。这些部位结冰后,不但会造成压气机进口的流场畸变,降低压气机效率,降低喘振裕度,而且转子部件表面结冰还会引起振动增大。冰块若碎落,会被吸入发动机引起压气机机械损伤。因此,为了保证在易结冰的气象条件下能够安全可靠的工作,燃气涡轮发动机通常设置有防冰系统。

3.6.1 防冰措施

当航空器穿过含有过冷水汽的云层时,或当空气温度接近冰点、在能见度很差的地面工作时,在发动机进口部分就会出现结冰现象。该冰层会引起发动机进气面积缩小,减小了发动机空气流量,使发动机的性能变坏,严重时可能引起压气机喘振。此外,由于发动机振动,冰层可能破裂,冰块被吸入发动机内,打伤叶片,甚至使整台发动机损坏。为此在发动机前部和进气装置上必须采取防冰措施。

防冰系统必须保证在航空器飞行范围内有效地防止结冰。防冰系统的工作必须可靠,同时要求重量轻,便于安装,工作时不至于引起发动机性能有很大损失。最常用的防冰方法是对容易结冰的零件表面进行加温。常用的电加温方式有:利用压气机的热空气,采用电加温,或是两者的联合,有时还可以用热滑油加温。

通常,发动机需要加温的零件是进气装置、进口导流叶片和进气罩,有时前几级整流叶片也需要加温。转子叶片不需要加温,因为离心力的作用使冰层在叶片上无法形成。防冰的热空气通常是由压气机最后一级引来,工作后的空气排入发动机进口或者大气中去,以维持系统内热空气循环,使加热能量不断补充。

防冰系统的工作可以按照人的意图用电来操纵,或者根据防冰系统的信号自动操纵。防冰系统内安装有调压活门,当发动机在高转速工作时,由于调压活门保持加热空气的压力不变,从而限制了从压气机来的热空气流量,防止了防冰系统工作时对发动机性能的过大影响。

电加热系统加热的零件有发动机进气罩、桨叶和桨毂。当采用空气-滑油散热器时,还有散热器的进气罩。电加热系统所消耗的电能由一台发电机供给。为了将发电机的尺寸和重量限制到最小,对发动机的加热是周期性的。

除了对零件加温外,防冰的另一措施是减小零件表面水的附着力。最常用的方法是在零件表面涂憎水剂。

3.6.2 防冰系统的功用及需满足的要求

1. 防冰系统的功用

防冰系统的任务就是在结冰条件下采取对零组件加热的方式以防结冰。燃气涡轮发动机的防冰有被动防冰和主动防冰两种方式。被动防冰是在进口装置表面喷涂憎水涂层,从而延缓结冰发生;或将进气整流罩(旋转件)尖端设置一橡胶的偏心锥体,使结冰及早碎落,不导致压气机的机械损伤。现在最广泛采用的是主动防冰,即利用热空气、热滑油或者采用电加温措施给易结冰表面加温,防止发动机进气部分结冰。通常在涡轮喷气发动机和涡轮风扇发动机上采用热空气加热防冰的方式,在涡轴发动机、涡桨发动机上通常采用热空气加热防冰或电加热防冰,或两者结合的方式。

对于涡轮螺旋桨发动机来说,需要防冰的部位有进气道、桨叶和进气锥。由于受到压气机供气的限制,一般都采用电加热的方式来防冰。在需要加热的区域粘贴加热元件,靠发电机给防冰系统供电。防冰系统工作时,有些区域是连续加热的,而有些区域则是间歇式加热。这些间歇式加热区域允许结冰,加热时,使冰溶化,靠气动力再把冰去掉。

2. 防冰系统应满足的要求

防冰系统的设计应满足下列基本要求:

（1）当发动机在高于50%最大连续功率状态的所有工作状态工作时,由于发动机结冰导致总功率损失不得超过可达功率的5%,耗油率增加不得超过5%。在低于50%最大连续功率状态的工作状态工作时,在规定的加速时间内,其功率也应达到相应状态所要求功率的95%。在结冰条件终止后,发动机应当保证性能不变差。

（2）发动机排气温度升高不得超过规定的限制值。

（3）发动机振动水平不得超过规定的限制值。

（4）不允许发生冰的碎落引起发动机机械损伤。

（5）不允许因结冰发生而使发动机可控性下降。

（6）防冰系统所要求加装的检测系统不应对发动机工作带来不利的影响,安装于发动机进气道内的结冰信号器不应对进气流场产生较大扰动。

3.6.3 防冰系统的工作方式

防冰系统的工作方式有恒定工作式和间歇工作式。恒定工作式系统在发动机工作期间一直工作,使得发动机的经济性变差;间歇工作式系统只是在结冰的情况下才投入工作,系统的工作通过专门的控制机构调定,这种工作方式的发动机经济性较好。

热空气加热防冰是现代燃气涡轮发动机上常用的一种方法。热空气一般引自高压压气机,经防冰控制活门和管路送到防冰部位。防冰活门起到开关和调节引气压力的作用,在驾驶舱内有防冰控制电门。当需要防冰时,接通防冰电门,使防冰活门打开,防冰空气就会被送到需防冰的部位,图3.41为某型发动机防冰空气流动示意图。来自压气机的热空气,经控制活门被送往进气道前缘、进口导向叶片和进气整流锥。

在进气道前缘内部有一个喷气环管,管的前表面有很多小孔,送入喷气环管内的热空气经这些小孔出来,喷到进气道前缘内表面,给前缘加热,防止冰的生成。在进气道的侧表面有排气出口,加热后的空气经此出口排到发动机外面。

因为进口导向叶片是不旋转的,所以,在发动机工作过程中,这些叶片的表面也可能结冰。因此,这些叶片都是空心的,有供气管路专门把热空气送到叶片的内部,并且有的叶片内还接有供气管路,这些管子再把热空气送到进气整流锥内,给进气整流锥加热。进气整流锥为双层结构,热空气从夹层中流出,之后又被压气机吸入发动机。

现代涡轮风扇发动机的进口一般都没有进口导向叶片,而是把进气整流锥直接装在风扇盘上,如图3.42所示。这样,若进气整流锥的形状、构造和旋转特

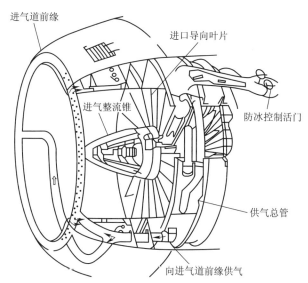

图 3.41　某型发动机防冰空气流动示意图

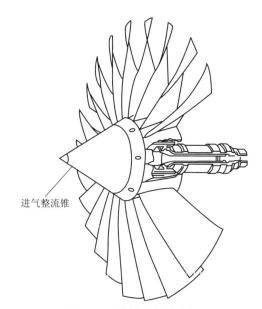

图 3.42　旋转进气整流锥

点允许,可以允许其稍微结冰,而不需要加热防冰。若进气锥需要防冰,一般来说其供气系统独立于进气道防冰系统,大多数情况下是把不经调节的压气机空气引入锥体内,加热后的气体排入进气道内。

由于热空气来自发动机，因此，防冰系统工作时对发动机的性能有一定的影响，发动机的燃油控制系统会自动修正燃油流量，以满足性能需求。

3.6.4 防冰系统的主要附件

1. 结冰信号器

结冰信号器又称结冰探测器。它是一种可以感受并能传递发动机结冰情况的器件，分直观式和自动式两大类。直观式结冰信号器俗称"探冰棒"。露在机外的探测杆为一个小而薄的翼型杆，直升机在轻微结冰情况下翼型杆就会发生结冰。飞行员通过目视探测杆上的结冰情况判断直升机结冰的严重程度，从而采取适当的防护措施。接通探测杆中的电加热器，可除去杆上所结冰层，以供再次飞入结冰区域时使用。

自动式结冰信号器可将其感受到的结冰情况转换为电信号，以自动地接通和断开防冰系统。自动式结冰信号器常制成各种感受部：①机械式感受部，其原理是利用所结冰层的表面产生的摩擦阻力或冰层使感受部的质量产生不平衡等。②压差式感受部，其原理是利用感受部上的结冰小孔与未结冰小孔之间产生的空气压差变化。③电导式感受部，其原理是利用感受部收集的过冷水滴及其冻结的冰层的导电性能。④电热式感受部，其原理是利用收集水的电阻丝通电加热时水蒸发的降温作用导致其电阻值发生变化。⑤射线式感受部，其原理是利用某种射线（如 β 射线）通过冰层时辐射强度的变化。

现代直升机上采用红外线式或超声波式结冰信号器，其工作原理为根据接收器输出的电压随感受部上冰层遮挡红外线（或超声波）的程度而变化的情况，来感受和测定云层液态水含量，从而判断直升机结冰的严重程度。直观式结冰信号器的结构简单，使用可靠。自动式结冰信号器的种类虽然很多，但就目前使用情况来看可靠性较差，尚待改进。

2. 防冰活门

防冰活门在发动机防冰系统中，控制防冰空气的接通与断开，并在输入压力超过预定值时，控制下游防冰空气压力的阀门机构。它通常设置在防冰空气管路上，由进口壳体、出口壳体、活门主体、压力套筒组件以及电磁线圈组成。通常防冰空气引自压气机中、后部的热空气，经过机匣上的集气环和通气管流至防冰活门。正常情况下，活门是关闭的，当选择防冰时，活门的电磁线圈接通，活门打开，向防冰部位供给所需要的热空气。活门内的调节器用来防止热空气压力超过预定值。

3. 电加热元件

电加热元件将电源所供的电能转化为热能，对部件防冰表面加热。电加热元件通常由高电阻系数、高熔点材料制成，分为金属箔、金属丝和透明导电薄膜三种。

参考文献

［1］孙健国．现代航空动力装置控制［M］．北京：航空工业出版社，2009．
［2］贺尔铭．民用航空发动机控制原理及典型系统［M］．北京：国防工业出版社，2002．
［3］周宗才．飞机推进系统控制［M］．西安：空军工程学院出版社，1996．
［4］樊思齐．航空发动机控制（上册）［M］．西安：西北工业大学出版社，2008．
［5］《航空发动机设计手册》总编委会．航空发动机设计手册：第6册涡桨及涡轴发动机总体［M］．北京：航空工业出版社，2002．
［6］《航空发动机设计手册》总编委会．航空发动机设计手册：第15册控制及燃油系统［M］．北京：航空工业出版社，2002．
［7］李卫京，梅盛开．涡轴发动机系统与控制［M］．北京：航空工业出版社，2016．
［8］林基恕．航空燃气涡轮发动机机械系统设计［M］．北京：航空工业出版社，2005．
［9］邓明．航空燃气涡轮发动机原理与构造［M］．北京：国防工业出版社，2008．
［10］蒋陵平．燃气涡轮发动机（ME-TA、TH）［M］．2版．北京：清华大学出版社．2016．

第4章 航空活塞发动机结构与系统

航空活塞发动机由主要机件和工作系统两部分组成。如图4.1所示，航空活塞发动机主要机件包括气缸、活塞、连杆、曲轴、气门机构和机匣。气缸呈圆筒形，固定在机匣上，活塞装在气缸里面，并通过连杆和曲轴相连，曲轴由机匣支撑。曲轴与螺旋桨轴相连，有的发动机曲轴的轴头本身就是螺旋桨轴。气门机构是由进气门、排气门以及凸轮盘（或凸轮轴）、挺杆、推杆、摇臂等传动机件组成的，这些机件分别安装在气缸和机匣上。气缸是混合气进行燃烧并将燃料燃烧释放出来的热能转换为机械能的地方。活塞在气缸内做往复运动，燃气的压力作用在活塞的顶面上，活塞因被推动而做功。燃气所做的功，最终用来带动螺旋桨旋转，产生拉力，使飞机前进，但活塞在气缸内只能做直线运动。因此，必须把活塞的直线运动转变为螺旋桨的旋转运动，这个任务即由连杆和曲轴来完成。连杆的一端连接活塞，另一端与曲轴的曲颈相连。当活塞承受燃气的压力做直线运动时，经过连杆的传动，就能推动曲柄使曲轴旋转，从而带动螺旋桨旋转。活塞、连杆和曲轴这三个在运动中密切关联的机件，通常又合称为曲拐机构。发动机运转时，气缸内不断进行着气体的新陈代谢，气门机构的作用就是控制气门的开启和关闭，以保证新鲜混合气（或空气）在适当的时机进入气缸，保证燃烧做功后的废气适时地从气缸排出。机匣是发动机的壳体，它除了用来安装气缸和支撑曲轴外，还将发动机的所有机件连接起来，构成一台完整的发动机。大功率航空活塞式发动机，在螺旋桨轴和曲轴之间一般都装有减速器，使螺旋桨轴的转速低于曲轴的转速。要保证航空活塞发动机的正常工作，除了以上的主要机件外，还必须依赖发动机的工作系统，包括燃油系统、滑油系统、点火系统和起动系统等。

第 4 章 航空活塞发动机结构与系统

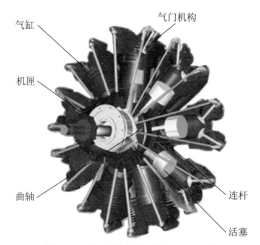

图 4.1 航空活塞发动机主要机件

4.1 航空活塞发动机主要机件

4.1.1 气缸

气缸是混合气进行燃烧的地方,发动机工作时,气缸内燃气温度和压力提高,作用有很大的机械负荷和热负荷。气缸由气缸头和气缸身两部分组成,如图 4.2 所示。

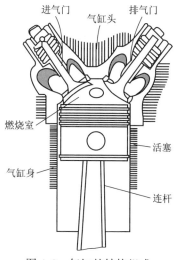

图 4.2 气缸的结构组成

1. 气缸头

气缸头由具有良好导热性的铝合金铸成。通常,星型发动机的气缸头上部有两个摇臂室,分别为排气门摇臂室和进气门摇臂室。水平对置型发动机气缸头上部有一个摇臂室,同时包含进气门摇臂和排气门摇臂。在摇臂室内装有气门导套、进气门、排气门、气门弹簧、摇臂、摇臂轴承等。气缸头四周装有散热片,排气门周围的散热片比进气门周围的散热片面积大,可使气缸头各部分的温差减小。气缸头上有两个电嘴安装孔,前面的靠近排气门,后面的靠近进气门。气缸头内部呈半圆形,在进、排气口处分别压入进气门座和排气门座。如果是直接喷射式发动机,其气缸头上靠近进气门附近还安装有一个喷油嘴。

2. 气缸身

气缸身由特种钢制成,中部有散热片,下部有安装边,安装边上有固定气缸用的螺桩孔,螺桩孔为球面形,安装气缸时,螺桩孔内放入球面形垫片,在气缸安装边下面垫有橡皮密封圈。一般来讲,气缸身内壁都经氮化处理,以提高其耐磨性和硬度。

气缸头和气缸身是用螺纹连接的,为了增加结合紧度,气缸头的螺纹直径比气缸身的稍小,连接时将气缸头加热到 300~320℃,使其膨胀后拧到气缸身上,这样当气缸头冷却后直径缩小,使气缸头和气缸身紧密结合在一起。同时,气缸身上部被迫收缩成圆锥形,当发动机工作时,由于气缸身上部受热比下部高,而且膨胀较多,气缸身又变成圆柱形。

4.1.2 活塞组件

活塞的功用是承受气缸内燃气的压力,并把这种力通过连杆传给曲轴,使曲轴旋转做功,同时也用来密封气缸。工作中,活塞承受很大的热负荷和机械负荷。

由于活塞直接面对高温燃气,且活塞的冷却困难,它的工作温度要比气缸高得多。热量主要通过滑油和空气从活塞传出,但散热效果不好,活塞各部分受热不均,活塞内容易产生热应力。

除了热负荷外,活塞还承受很大的气体力及往复运动机件的惯性力。任何物体做加速运动时,都会产生与运动方向相反的惯性力;物体做减速运动时,必然产生与运动方向相同的惯性力。活塞在气缸内做往复运动时,它的运动方向和速度经常发生变化,由此,活塞在运动中也会产生很大的惯性力。

航空活塞发动机的活塞组件主要由活塞、活塞销和涨圈三部分组成,如图 4.3 所示。

1. 活塞

活塞是由铝合金锻件加工制成的,其结构分为三部分:活塞顶、活塞头和活

第 4 章 航空活塞发动机结构与系统

图 4.3 活塞组件

塞裙,如图 4.4 所示。大多数的活塞顶为平顶,它具有易于加工、受力均匀、强度较高、顶部吸热面积小等特点。活塞顶因承受燃气压力,所以比较厚。在活塞顶上有两个凹槽,以防止活塞与气门相碰撞。活塞头是活塞顶到活塞销孔的高度范围,在活塞头上有涨圈槽,分别为封严涨圈槽和刮油涨圈槽,在刮油涨圈槽底钻有油孔。活塞裙是指活塞头的下部区域,主要起导向作用,并将活塞的侧压力传给气缸壁,裙部的长度由侧压力的大小决定。活塞裙上部有活塞销孔,为增强销孔的强度,在销孔的内端滑孔的周围有加强筋,以形成销座。

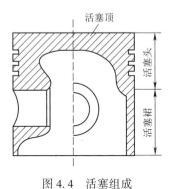

图 4.4 活塞组成

2. 活塞销

如图 4.5 所示,活塞销连接活塞和连杆,承受活塞往复运动时的惯性力和气体力,并传给连杆。活塞销由合金钢管材加工而成,表面进行了硬化和研磨。活塞销是全浮动式,它可以在活塞和连杆轴承中间自由转动,具有磨损均匀、构造简单、安装方便、使用寿命较长等特点。活塞销安装好后,两端用铝塞塞住,以避免销头划伤气缸壁。活塞销采用泼溅润滑,活塞销堵头上有通气孔,用以防止活塞销内腔里压力增加。

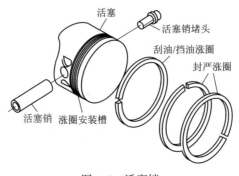

图 4.5　活塞销

3. 涨圈

涨圈装在活塞的涨圈槽内,借本身的弹力,紧压在气缸壁上。活塞涨圈的作用是防止混合气或者燃气漏入机匣,并阻止机匣内的滑油进入燃烧室。图 4.5 所示的活塞组件上有封严涨圈和刮油/挡油涨圈。封严涨圈装在活塞头的封严涨圈槽内,用以防止高压气体从气缸进入机匣,同时活塞顶吸收的热量通过它传给气缸壁;刮油/挡油涨圈装在活塞头下部的刮油/挡油涨圈槽内,使滑油分布于气缸壁,以减少活塞与气缸壁的磨损,同时将多余的滑油刮下,流回机匣,避免滑油蹿入燃烧室过多。

涨圈在高温、高压下工作,润滑比较困难,由于气体力的原因,活塞的运动速度和方向处于急剧变化的状态,不仅涨圈的外表面容易受到严重磨损,而且端面还要受到冲击负荷。因此,涨圈要求有很高的强度和足够的耐磨性。大部分涨圈都是由高级铸铁铸造的,制成后,将其研磨到所设计的型面。有些发动机的活塞顶部涨圈是由低碳钢经表面镀铬制成,以提高其承受高温的能力。

4.1.3　连杆

连杆的作用是将活塞与曲轴连接起来,将活塞的往复直线运动转变为曲轴的旋转运动。连杆是主要的受力件,必须有足够的刚度,以便在承受负荷时,能保持刚性;它还必须特别轻,以便当连杆和活塞停止运动、改变方向以及从每个冲程的死点再次开始运动时减小惯性力。对水平对置式航空活塞发动机而言,其连杆是普通连杆,小头连接活塞,大头连接曲轴;而对于多气缸的星型航空活塞发动机,它的连杆是一个主连杆和多个副连杆组成的连杆组,如图 4.6 所示。每一排中有一个气缸的活塞通过主连杆与曲轴曲颈连接,其他气缸的活塞通过副连杆连接到主连杆上。

图 4.6　主、副连杆

4.1.4　曲轴

曲轴是航空活塞发动机的重要部件,与连杆配合将活塞的往复直线运动转变为旋转运动,将作用在活塞连杆组上的气体压力转变为扭矩对外输出,带动螺旋桨旋转,同时还驱动航空活塞发动机的气门机构及其他各种辅助装置,如风扇、水泵、发电机等。

航空活塞发动机工作时曲轴受旋转质量的离心力、周期性变化的气体压力、往复惯性力的作用,承受弯曲和扭转等交变载荷的冲击,易引起疲劳破坏。为保证工作可靠,要求曲轴具有足够的刚度和强度,良好的承受冲击载荷的能力,耐磨损且润滑良好。

如图 4.7 所示,曲轴主要由曲轴前端(自由端)、若干个曲柄(图 4.8)和曲轴后端(功率输出端)三部分组成。曲柄数取决于航空活塞发动机气缸数和排列方式。单曲柄曲轴的模型图如图 4.9 所示。

按结构形式曲轴可分为整体式曲轴和组合式曲轴,分别如图 4.10 和图 4.11 所示。整体式曲轴优点是结构简单、紧凑,强度刚度高,重量轻,加工面少,成本低。组合式曲轴各段分段加工,然后组装成整体,相应气缸体为隧道式的,主轴承为滚动轴承。组合式曲轴优点是方便制造和更换;缺点是结构复杂拆装不便,质量大,成本高,滚动轴承噪声大。

曲轴的形状和曲柄相对位置取决于气缸数、气缸排列和航空活塞发动机的点火顺序。直列四冲程 6 缸活塞发动机曲柄分布如图 4.12 所示。确定该发动机的气缸点火次序时,通常应满足三个原则:第一,各气缸的点火间隔角应相等,

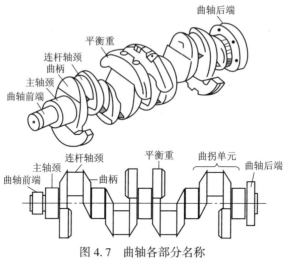

图 4.7　曲轴各部分名称

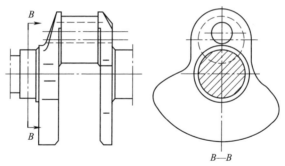

图 4.8　曲柄单元

图 4.9　单曲柄曲轴

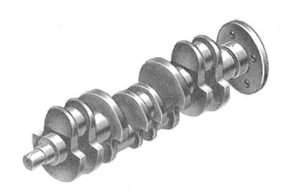

图 4.10　整体式曲轴

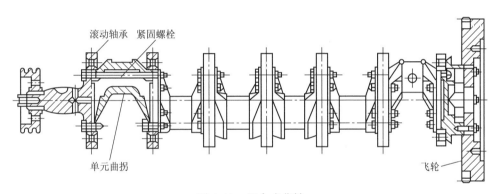

图 4.11　组合式曲轴

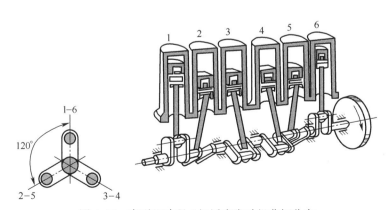

图 4.12　直列四冲程 6 缸活塞发动机曲柄分布

对 6 缸发动机来说,点火间隔角为 720°/6 = 120°;第二,曲柄的排列,除满足上述要求外,还应两两相对称,以达到惯性离心力的自身平衡;第三,应尽可能使连续点火的气缸的曲柄不是相邻的曲柄,从而使机匣受力更为均匀。直列四冲程 6 缸航空活塞发动机的工作循环如表 4.1 所列。

表 4.1 直列四冲程 6 缸航空活塞发动机工作循环表
（点火次序 1—5—3—6—2—4）

曲轴转角/(°)		第一缸	第二缸	第三缸	第四缸	第五缸	第六缸
0~180	0~60	做功	排气	进气	做功	压缩	进气
	60~120						
	120~180			压缩	排气		
180~360	180~240	排气	进气			做功	压缩
	240~300						
	300~360			做功	进气		
360~540	360~420	进气	压缩			排气	做功
	420~480						
	480~540			排气	压缩		
540~720	540~600	压缩	做功			进气	排气
	600~660			进气	做功		
	660~720			排气		压缩	

4.1.5 减速器

大功率的航空活塞发动机,通常曲轴带动螺旋桨时,中间要经过减速器减速。它的作用是用来使螺旋桨的转速低于曲轴转速。因为要使发动机发出较大的功率,曲轴应有较大的转速;但螺旋桨的转速又不能太大(目前限制在 2000r/min 以内),否则,桨尖的运动速度将超过声速,出现激波阻力,使螺旋桨效率大大降低,同时拉力也会减小。为了解决这一矛盾,在螺旋桨与曲轴间加装了减速器。典型的减速器如图 4.13 所示。发动机工作时,曲轴带动主动齿轮转动,主动齿轮带动游星齿轮转动,游星齿轮一边自转,一边绕固定齿轮公转。螺旋桨转速就是游星齿轮公转转速,所以螺旋桨的转速比曲轴转速小得多,而扭矩则相应增加。

减速器虽然可以较好地确保螺旋桨效率,但会使发动机质量增加,机械损失加大。所以当发动机功率不大时,可以不设置减速器而由曲轴直接驱动螺旋桨,最终使发动机的总体性能得到优化。

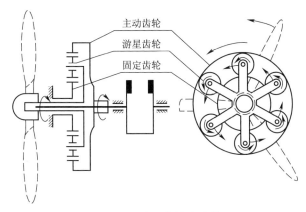

图 4.13 游星齿轮减速器

4.1.6 气门机构

气门机构的作用是控制进、排气门的开启和关闭,并保证适时地将混合气送入气缸和将气缸内的废气排出。典型的气门机构如图 4.14 所示,由传递齿轮、凸轮盘、推筒、推杆、摇臂、气门及气门弹簧组成。发动机工作时曲轴转动,经传动齿轮带动凸轮盘转动。当凸轮盘上的凸起顶推筒时,推杆上移,经摇臂压缩气门弹簧,使气门打开;凸起转过后,在气门弹簧作用下,气门关闭。发动机的每一个气缸上都有一个进气门和排气门,它们的开启和关闭都由气门机构来控制。

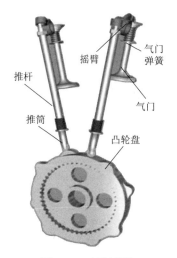

图 4.14 气门机构

由于气门处在气缸头高温区,故由特种耐热钢制成。为了便于形成进气涡流,进气门头部常特制成凹形;为了加强排气门的散热,排气门制成空心的,其内充填金属钠,所以排气门杆较粗,头部常呈凸形。

4.1.7 机匣

机匣是发动机的壳体,用来安装气缸及有关附件、支承曲轴和传递螺旋桨拉力,并将发动机上所有的机件连接起来,构成一个整体。机匣常用高强度的铝合金或铝镁合金制成。

星型发动机的机匣一般由前机匣、中机匣、增压机匣和附件机匣组成,如图4.15所示。其中,前机匣用来支撑螺旋桨轴、减速器等附件,中机匣用来支撑曲轴、固定气缸和部分气门机构的零件,增压机匣用来连接发动机架、安装增压器和进气管,附件机匣用来安装附件和附件传动机构。

(a)

(b)

图 4.15 星型发动机机匣

4.2 燃油系统

4.2.1 概述

航空活塞发动机燃油系统的功用是储存燃油并在所有的飞行状态下向发动机提供适量的、连续的、清洁无污染的航空燃油。即当飞机的高度、状态变化后,或是油门杆、混合比杆移动时,能够保证发动机正常工作。简单地说,燃油系统的功用就是储油、供油和系统工作显示。燃油系统有两种供油方式:一是重力供油;二是油泵供油。重力供油是利用燃油自身的重力从油箱流向发动机,这种供油方式一般用于小功率的上单翼飞机。对于下单翼飞机或大功率的飞机,多采用的是油泵供油方式,即通过燃油泵将燃油从油箱抽出并加压后送往发动机。

4.2.2 化油器式燃油系统

图 4.16 为重力供油式化油器燃油系统,该系统由油箱、供油通路、化油器等主要构件组成。油箱位于飞机机翼中,由于飞机有上单翼和下单翼两种,因此对于上单翼机,油箱位置高于发动机,燃油可以靠自身重力输送到化油器,从而构成重力供油式化油器燃油系统;对于下单翼机,油箱位置低于发动机,如图 4.17 所示,必须使用燃油泵才能将燃油输到化油器,从而构成油泵(压力)供油式化油器燃油系统。重力供油式和油泵供油式化油器燃油系统的主要区别在于有无供油泵。

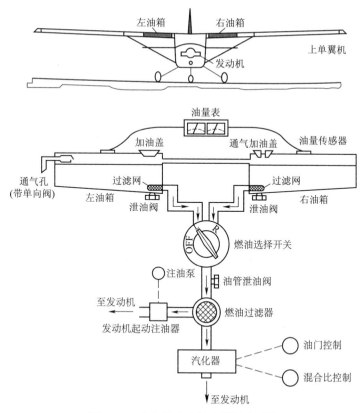

图 4.16 重力供油式化油器燃油系统

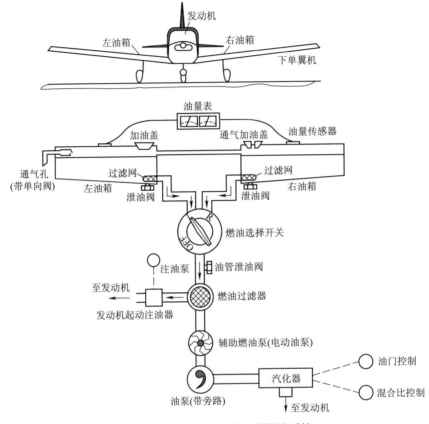

图 4.17 油泵供油式化油器燃油系统

下面分别介绍与储油和供油有关的三个重要组件:油箱、燃油开关和起动注油器。

油箱是燃油贮存器,一般置于机翼中,个别情况安装在机身上。油箱上方有加油口、通气孔和溢流口。每次飞行前要检查通气孔是否正常,如果通气孔失效,将使油箱压力不正常,从而造成供油中断或油箱变形;灌满油的油箱受太阳照射会使燃油升温膨胀,造成油箱压力过大,溢流口可防止油箱超压。油箱内设有隔栅,用以防止飞行高度突然变化、机动飞行和颠簸引起的燃油整体晃动。油箱中有油量传感器,连接到驾驶舱中的油量表,驾驶员可以随时了解用油情况。油箱底部有燃油过滤网,燃油由油箱流入供油管之前,先经过滤网滤掉油中的杂质并使其沉积在油箱底部。油箱底部的油称为不可用油或死油。在油箱加油口或驾驶舱燃油选择开关处标有油箱可用燃油量。油箱底部的最低位置设有泄油阀,通过它可以取样检查燃油污染状况,放泄油箱底部死油。

打开燃油开关,燃油才能由油箱流向发动机。流过燃油开关的燃油在通向化油器和注油器之前,还要经过燃油过滤器进一步过滤,在燃油过滤器底部和输油管的最低部位均有泄油阀。每次飞机起飞前,在作发动机外部检查时,一定要注意泄油阀是否关闭,如疏漏未关,将会造成供油不足,对于油泵供油系统还会泵入空气。

由驾驶员手控的发动机注油器,是用于起动发动机时的注油装置。该装置所注的油不通过化油器,直接注入气缸进气道中。在寒冷气候下起动发动机时,因为化油器中的燃油不容易汽化,必须向发动机注油。当发动机起动后,必须闭锁注油器,以防止起动后继续注油使得油气混合物中油过浓而使发动机停车。

4.2.3 喷油式燃油系统

图 4.18 为喷油式燃油系统示意图。喷油式燃油系统与化油器式燃油系统的主要区别是:由于该燃油系统采用对燃油加压喷射的方法供油,因此必须具有燃油泵;另外,该系统的油气混合物是通过燃油调节器来调节油门和配制油气比的。该系统还有一个燃油分配器,它使燃油平均输送到各气缸进气道中的喷油嘴,由喷油嘴向进气道中的空气喷油。

与化油器式燃油系统一样,油箱选择器由驾驶员在驾驶舱中操控,在油箱选择器的旋钮上标有双油箱供油、左油箱供油、右油箱供油和关断油箱供油等挡位。在选用油箱供油时,不可将一边油箱中的燃油用完再转用另一边油箱中的燃油,这会造成左右油箱中的燃油失衡,为飞机操纵带来困难。

驾驶员在选用油箱时,如果错选无可用油的油箱,油泵将吸入空气使油路产生气塞或供油中断。如果在飞行中断油停车,重新起动发动机十分困难,甚至会发生事故。

所使用的油箱是否有可用油,可由油箱发出的声音判断:当油箱中有可用油时,油箱的声音比较柔和;否则,油箱将发出较大的噪声。

无论是喷油式燃油系统,还是化油器式燃油系统,常装有辅助(副)油泵。图 4.18 中的油泵是发动机轴驱动的,称为主油泵;辅助油泵是电动油泵。主油泵维持发动机的正常工作供油。辅助油泵的功能是:

(1) 确保燃油以所需压力向化油器燃油系统或喷油式燃油系统供油。

(2) 清除油管中的气体以防发生气塞。

(3) 在喷油式燃油系统的发动机上用以开启注油。

(4) 当主油泵失效时,代替主油泵的作用向发动机供油。

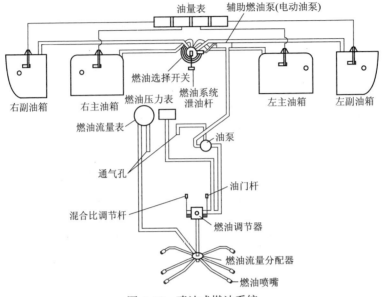

图 4.18 喷油式燃油系统

4.2.4 喷油系统

现代活塞式航空发动机多采用喷油式燃油系统,其中的油气混合物配置就是由本节介绍的喷油系统完成的。喷油系统如图 4.19 所示。在该系统中,空气通过文氏管分支到各个气缸的进气道;燃油泵将燃油送入系统,燃油经过燃油调节器进入燃油分配器,然后分送到安装在各个气缸进气道中的燃油喷嘴,由喷嘴

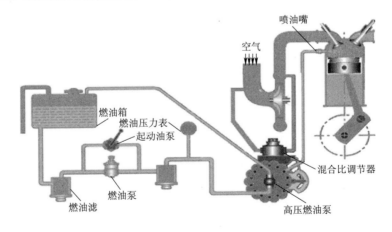

图 4.19 喷油系统

喷射到进气道内的空气中汽化、掺混,供入气缸燃烧。供油流量由燃油调节器控制。在文氏管喉部有通气管和燃油调节器连通,燃油调节器随时感受到文氏管喉部气压,该气压的大小反映空气流量的大小,通过该气压的变化,燃油调节器调节供油量。当文氏管内的节气门开大时,供油量增加;反之,供油量减少。

为适应不同飞行姿态时对发动机油气混合比的需要,喷油系统中还有一个混合比调节器,可以人工调节,也可以自动调节。

采用喷油式燃油系统的航空活塞发动机可能存在的故障、原因和维修措施如表4.2所列。

表4.2 航空活塞发动机可能存在的故障、原因和维修措施

故障	可能原因	维修措施
发动机不能正常起动,燃油计量器的压力无指示	油箱油量不足,没有充足的燃油流向发动机	目视检查燃油箱油量
	燃油泵的空气混合比控制错误	检查空气混合比
	燃油选择活门安装在错误装置	将燃油选择活门正确安置在"主油箱"位
发动机不能正常起动,但燃油计量器的压力有指示	喷嘴燃油的大量喷出,使进入气缸的燃油量过多,雾化不彻底	在燃油系统注满燃油的状态下起动发动机,会液锁
	将已经注入的燃油通过进气系统排出	将喷嘴的任何一条燃油管线松开,如果燃油没法顺畅流出,检修燃油分配活门
加速慢	慢车的混合比不准确	及时调整燃油的混合比
	非计量燃油的压力超过标准	有效降低非计量燃油压力
	部分连接件磨损	将磨损的连接件更换
发动机抖动	一个或者几个燃油喷嘴喷射不顺畅	检查以及清洗喷嘴
	不恰当的空气混合比	调整燃油泵的压力
计量燃油压力指示低	流入燃油计量器的燃油流动受限	检查燃油泵和燃油计量器之间的输油管线是否通畅
	燃油泵输出的燃油量不足	调整燃油泵
燃油计量器的压力指示高	燃油泵中的再循环输油通道被阻塞	更换燃油泵
	喷嘴或者燃油分配活门发生阻塞	目视检查、更换喷嘴或者燃油分配活门

续表

故障	可能原因	维修措施
燃油计量器的压力指示波动或者不正确	高温高压的作业环境导致燃油管路出现气塞,燃油的流动出现波动	检查燃油蒸气分离器以及分离器盖子上的通气孔是否通畅
	燃油计量器管路中存在空气,或者连接处密封不完整	修复不完整的连接处泄露并排出管路中的空气
慢车关断慢	燃油泵的关闭操作不到位;或者空气混合比控制的不精确;或者燃油分配活门的通气大孔遭到堵塞	检查空气的混合比,检查辅助燃油泵的关闭操作,疏通燃油分配活门的通气大孔

4.2.5 燃油管理

航空活塞发动机使用航空汽油作为燃料,对航空汽油的质量要求有以下几点:

(1) 热值高。单位燃料完全燃烧后,将燃烧产物冷却到起始温度(25℃)所放出的热量扣除产物中水蒸气凝结热后的热量,称为燃料的低热值。一般燃料的热值指的就是低热值。航空汽油的热值为43953kJ/kg,应该说,其热值是较高的。热值高则发动机的功率大。

(2) 抗爆性好。辛烷数高表明贫油条件下抗爆性好;级数高表明富油条件下抗爆性好;辛烷数和级数都高表明发动机的抗爆性能很好。

(3) 挥发性适当。燃油的挥发性过低,油气混合不均匀;挥发性过高,燃油管道中蒸气多,使供油量减少,且容易造成气塞断油停车,同时,容易引起化油器结冰。

(4) 闪点要高。在燃油表面出现燃油蒸气形成可燃油气混合气时的温度,称为燃油的闪点。"闪燃"指的是非连续性燃烧。闪点高,则油气混合气不易出现早燃;闪点低,在寒冷气候中工作的发动机容易保持正常运转。

在使用和管理燃油过程中,应做好如下几件事。

(1) 加油。必须要按照规定的程序给发动机加油。为保证安全,加油时应做到:加油飞机要远离其他飞机和建筑物;点火旋钮一定要在"关"位;要将灭火器放在显眼的位置;严防吸烟;旅客必须离开加油现场;加油设备要接地,以防止静电火花造成火灾,直至加油完毕将油箱盖拧紧以后才可拆掉地线等。

(2) 燃油检查。燃油容易受污染,尤其是水污染最应关注。地面油罐受污染后,若将污染油加到飞机的油箱,会使发动机性能下降。在加油前,可使用燃油试剂或燃油试纸检查水污染的情况。

若燃油中还有铁锈、灰砂和微生物等污染物,在加油前可以通过过滤的方法检查和清除。发动机不可使用过期燃油,通常也使用试纸检查燃油过期情况。

发动机油箱中的油也要据情检查燃油污染。由于水的密度比汽油密度大,如果燃油受到水污染,水必然沉积于油箱底部,可以通过图4.20(a)所示的油箱底部的泄油阀和图4.20(b)所示的油路过滤器泄油阀泄出少量燃油做检查。

飞机起飞前,除做上述污染检查外,还要做燃油其他有关检查,例如:油箱有无损坏和变形;油箱通气孔是否良好;油箱中的油量是否合适等。在检查油量时,除查看油量表外,还应打开油箱盖做目视检查。要特别注意的是,在目视检查后,必须及时将油箱盖拧紧,因为油箱盖位于机翼的上表面,飞行时处于低压,如果油箱盖未拧紧,会使燃油渐渐漏光。

(3) 水污染的处理方法。每天第一次起飞前都要检查水污染情况;在任何疑似有水污染的时候也要进行检查。根据具体情况做如下工作:

① 及时通告机械师;
② 油箱放油,直至水污染油全部泄出;
③ 摆动机翼以使油路中的污染水尽量都沉积到泄油口;
④ 从各泄油口泄油以检查水污染的程度。

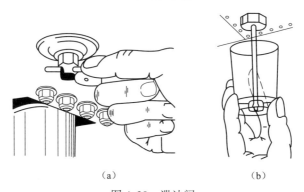

图 4.20 泄油阀
(a)油箱底部泄油阀;(b)油路过滤器泄油阀。

4.3 滑油系统

4.3.1 概述

滑油系统是为了保证航空活塞发动机正常工作,将清洁的、压力一定的、温度适宜的滑油不断地输送到各个摩擦表面,形成液体摩擦,以减小摩擦阻力、降低功率损耗、减轻磨损、延长使用寿命。掌握滑油系统基本油路的组成和主要部件的构造及工作原理对于掌握滑油系统的正确使用与维护方法非常重要。

4.3.2 功用

航空活塞发动机工作时,传力零件相对运动表面之间不能直接接触,因为任何零件的工作表面,即使经过极为精密的加工,也难免存在一定程度的表面粗糙度。在它们接触且相对运动时,必然产生摩擦和磨损。而摩擦产生的阻力,既要消耗动力,阻碍零件的运动,又使零件发热,甚至导致工作表面烧损。因此,必须进行润滑,即在两个零件的工作表面之间加入一层润滑油使其形成油膜,将零件完全隔开,处于完全的液体摩擦状态。这样,功率消耗和磨损就会大为减少。

航空活塞发动机的润滑是由润滑系统来实现的。润滑系统除了起润滑作用外,还起到了清洁、冷却和密封作用。润滑油膜形成的基本条件是两个零件之间存在油楔及相对运动,并且有足够的润滑油供给。润滑油膜形成原理如图 4.21 所示。静止时,在自重的作用下,轴处于最低位置与轴承 P 点相接触,如图 4.21(a)所示,这时润滑油从轴和轴承中被挤出来。当轴转动时,黏附在轴表面的油便随轴一起转动。由于轴与轴承的间隙成楔形,使润滑油产生一定的压力。在此压力作用下,轴被推向一侧,如图 4.21(b)所示。轴的转速越高,单位时间被带动的油液越多,油压力就越大。当轴的转速达到一定高度时,轴便被油压抬起,如图 4.21(c)所示。这样,油膜将油与轴承完全隔开,使之变为液体摩擦,从而减轻了运动阻力,减少了运动件的磨损。同理,做直线运动的零件,其前端制有倒角时,润滑油也可楔入运动表面而形成油膜,如图 4.22 所示。

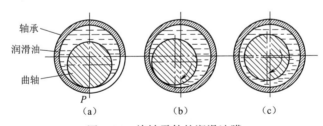

图 4.21 旋转零件的润滑油膜

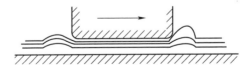

图 4.22 滑动零件润滑油膜

(1) 润滑。航空活塞发动机滑油系统的基本任务就是将润滑油不断地供给各零件的摩擦表面,形成润滑油膜,减小零件的摩擦、磨损和功率消耗。

(2) 清洁。航空活塞发动机工作时,不可避免地要产生金属磨屑、空气所带入的尘埃及燃烧所产生的固体杂质等。这些颗粒若进入零件的工作表面,就会形成磨料,大大加剧零件的磨损。而润滑系统通过润滑油的流动将这些磨料从零件表面冲洗下来,带回到曲轴箱。在这里,大的颗粒沉到油底壳底部,小的颗粒被机油滤清器滤出,从而起到清洁的作用。

(3) 冷却。由于运动零件的摩擦和混合气的燃烧,使某些零件产生较高的温度。而润滑油流经零件表面时可吸收其热量并将部分热量带回到油底壳散入大气中,起到冷却作用。

(4) 密封。航空活塞发动机气缸壁与活塞、活塞环及活塞环与环槽之间,都留有一定的间隙,并且这些零件本身也存在几何偏差。而这些零件表面上的油膜可以补偿上述原因造成的表面配合的微观不均匀性。由于油膜充满在可能漏气的间隙中,减少了气体的泄漏,可保证气缸的应有压力,因而起到了密封作用。

此外,由于润滑油黏附在零件表面上,避免了零件与水、空气、燃气等直接接触,起到了防止或减轻零件锈蚀和化学腐蚀的作用。

4.3.3 滑油系统的组成

滑油系统的工作质量直接影响航空活塞发动机的动力性和工作可靠性。如果滑油系统发生故障,不仅会加速零件磨损,甚至会造成重大事故。由于滑油的储存方式不同,滑油系统有湿机匣滑油系统和干机匣滑油系统两种。

1. 湿机匣滑油系统

湿机匣滑油系统的滑油储存在机匣下部的滑油槽(池)中。典型的湿机匣滑油系统如图4.23所示。滑油储存在发动机机匣中。机匣是密封的,机匣上有加油口和盖,盖上装一量油杆。由发动机轴驱动的滑油泵将滑油抽出,通过油路将滑油送到各处进行压力润滑和喷射润滑。在滑油泵出口管路上装有压力调节器(泄压阀),如果油压过高,可将部分滑油分流回到调节器进口,以保持适当的出口油压。

滑油过滤器随时将循环滑油中的杂质清除掉,在检修发动机时往往要更换过滤器。在过滤器处装有过滤器旁通阀,当过滤器被杂物堵塞时,滑油会自发顶开旁通阀,以维持滑油流通;这时,虽然失去滑油过滤的功能,但不会导致油路堵塞断油发生危险。

通过滑油循环,不仅能完成润滑,还能同时完成发动机冷却、净化、密封、防腐等各项任务;之后,热滑油回到滑油槽中,在油槽中滑油受到冷却。但是单靠滑油槽冷却往往是很不够的,所以,绝大多数发动机在滑油系统中装有冷却器及温控开关,当滑油泵出口的滑油温度过高时,温控开关控制滑油流经冷却器继续冷却;当滑油泵出口的滑油温度无须继续冷却时,温控开关打开冷却器旁通阀使滑油流向下游。冷却器旁通阀的另一用途是当冷却器被杂物堵塞时,仍能维持滑油循环,防止断油。每次起飞前应检查滑油冷却器,不可有昆虫和各种杂物拥堵其空气冷却通路,不准有裂纹或漏油现象。

为监控滑油系统的运行,在驾驶舱面板上设有滑油压力表和滑油温度表。该温度表和压力表的传感器设在进入发动机润滑之前的油路上。湿机匣滑油系统多用于水平对置式活塞发动机。

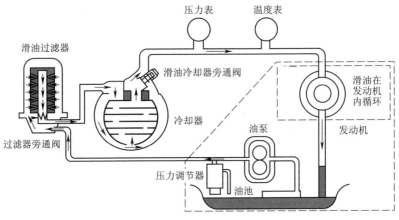

图 4.23　湿机匣滑油系统

2. 干机匣滑油系统

图 4.24 为干机匣滑油系统示意图。干机匣滑油系统与湿机匣滑油系统的主要区别是滑油不储存在机匣中,而是储存在发动机外专设的一个外部油箱中。相应地,在该系统中增加了一个回油泵,它随时将润滑和冷却后的滑油从发动机机匣下部抽到外部油箱中存放,保持干机匣状态,滑油泵将滑油从滑油箱吸出,经过滤器、冷却器供发动机使用。

干机匣滑油系统普遍用于特技飞行的飞机,星形发动机也有使用。绝大多数轻型飞机所使用的水平对置式活塞式发动机均使用湿机匣滑油系统,故不容许做特技飞行。

4.3.4　滑油系统的监控

滑油系统的故障较多,例如:使用的滑油质量不符合要求;滑油量不足;滑油

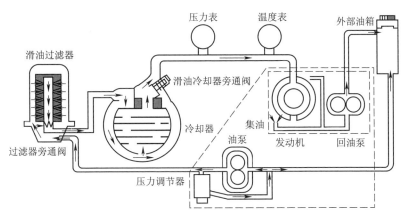

图 4.24　干机匣滑油系统

压力过高、过低或波动;滑油温度过高;漏油等。这些故障往往互为因果关系。滑油故障会给发动机造成十分严重的后果。为保证发动机工作安全可靠,驾驶员要对滑油消耗量、滑油温度和滑油压力进行监控。

1. 滑油消耗

滑油在发动机内循环过程中不断消耗,首先,这是因为滑油不断从活塞和气缸间隙中进入气缸烧掉;其次,滑油蒸气和油雾从透气通道逸出;再次,滑油受高温氧化,分解成为胶状物和沉淀物附着在机件上或沉淀在滑油系统中。

滑油消耗得快慢用滑油消耗率表示,单位时间产生单位功率所消耗的滑油量,称为单位滑油消耗率。在正常稳定工作条件下,发动机的单位滑油消耗率基本不变。如果发现滑油消耗突然变快,应仔细检查发动机和滑油系统是否有损坏和泄漏。每次起飞前要检查滑油量;需要加油时,应根据飞行时间的长短估计加油量。检查和加油后,必须把滑油盖拧紧以防止泄油。

2. 滑油温度

滑油温度影响滑油黏度,故影响润滑效果。不同型号的滑油,工作温度范围不同。一般发动机使用的滑油工作温度为 40～120℃。驾驶员要通过滑油温度表实时监控。

发动机在运行中,往往发生滑油温度过高的现象。其原因是:加油不足或泄漏引起油量过少;发动机长时间在高温环境下工作造成滑油蒸发过快;滑油冷却器散热效果差等。当滑油超温时,会发出警告信号,这时,可采取开大冷却器风门加强冷却、降低发动机功率、加强发动机外部冷却或富油等方法,使滑油温度下降。

3. 滑油压力

滑油压力的大小反映循环滑油量的多少,发动机正常运行的滑油压力应在

172~758kPa之间,驾驶员通过滑油压力表监控。

滑油压力表的指标是发动机起动正常与否的重要依据。一般环境温度条件下,发动机起动后30s内,滑油压力表应指示到要求的压力值;在严寒气候条件下,容许起动后的60s内指示到要求压力值。

发动机在运行中,滑油压力可能发生异常下降的现象。其原因是:滑油量过少;滑油泵失效;油路堵塞;压力调节器失灵;滑油压力表出现故障等。当出现滑油压力异常时,首先通过仪表互校的方法判断滑油系统工作正常与否。如果滑油温度表指示正常,说明滑油压力表失效,滑油系统仍在正常工作,飞机可以继续飞行。如果滑油压力和滑油温度均异常,说明滑油系统出了问题,飞机应当立即就近着陆;在地面运行的飞机应当立即停车,否则会给发动机带来严重后果。

滑油在发动机中连续不断地循环,必将受到各种杂质的污染,这些杂质不可能完全滤除干净。除此以外,燃气中的某些产物对滑油具有氧化作用;由于滑油具有吸水性,在发动机停车冷却后,滑油会吸收其中的凝结水。这些化学变化会使滑油变质。所有上述物理、化学变化均使滑油性能降低,必须按照维修规定期更换。

4.4 起动系统

发动机的起动是指发动机从静止状态加速到慢车或慢车以上的工作状态。发动机从静止状态加速到慢车状态的过程称为起动过程。起动系统的功用就是在地面或空中一定范围内使发动机稳定可靠地起动起来。起动系统工作的好坏,工作是否可靠,直接关系到飞机能否及时起飞,同时对飞行安全也有密切的关系。

4.4.1 概述

现代航空活塞发动机是由起动机直接带动发动机曲轴旋转而起动的。

为了能够使发动机正常起动,需要满足下列要求:一是起动时因转速小,发动机主燃油泵不能正常供油,需要预先向气缸注油(如用电动增压泵);二是起动机带动曲轴旋转时的转速一般不低于40~60r/min(起动转速);三是电嘴应能适时地产生强烈电火花点燃气缸中的油气混合气。

航空活塞发动机的起动方式通常采用直接起动式电动起动机和间接式电动惯性起动机,目前广泛使用的是直接起动式电动起动机。起动电源可使用机载蓄电池,也可使用地面电源。通常情况下,使用机载蓄电池提供电源来起动发动机,当数次未能成功起动发动机或机载蓄电池电压偏低或飞机未装蓄电池的情况下,则使用地面电源来起动发动机。

根据飞机用电系统设计的不同,起动电源一般使用直流 24V 或直流 12V 电源。

4.4.2 起动装置

1. 电力起动机

电力起动机简称起动机,它由直流电动机、操纵机构(控制机构)、离合机构(传动机构)等组成。

1) 直流电动机

直流电动机在直流电压的作用下,产生旋转力矩。接通起动开关起动航空活塞发动机时,电动机轴旋转,并通过驱动齿轮和飞轮的环齿驱动航空活塞发动机曲轴旋转,使发动机起动。它由磁极、电枢、换向器、机壳及端盖等组成,如图 4.25 所示。

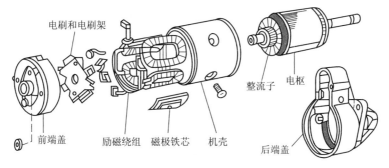

图 4.25 直流电动机

磁极是直流电动机的定子部分,用来产生电动机运转所必需的磁场,它由磁极铁芯、安装在铁芯上的励磁绕组及机壳组成。磁极铁芯用硅钢片叠加而成,并用螺钉固定在机壳内壁上。车用起动机通常采用 4 个磁极,少数大功率起动机采用 6 个磁极。当直流电压作用于励磁绕组的两端时,励磁绕组的周围产生磁场并使磁极铁芯磁化,成为具有一定极性的磁极,且 4 个磁极的 N 极与 S 极相间排列,形成起动机的磁场。

电枢是直流电动机的转子部分,用来将电能转变为机械能,即在起动机通电时,与磁场相互作用而产生电磁转矩。它由换向器、铁芯、绕组和电枢轴组成。电枢铁芯由外圆带槽的硅钢片叠成,压装在电枢轴上;铁芯的外槽内有绕组,绕组用粗大的矩形截画裸铜线绕制而成,电枢绕组与铁芯之间和电枢绕组匝间用绝缘纸隔开。

起动机的电枢绕组与励磁绕组一般采用串联方式连接,称为串励式直流电动机。串励式直流电动机工作时,励磁电流和电枢电流相等,可以产生强大的电磁转矩,有利于航空活塞发动机的起动;它还具有低转速时产生的电磁转矩大、电磁转矩随着转速的升高而逐渐减小的特性,使起动航空活塞发动机时安全可靠。

换向器由电刷和装在电枢轴上的整流子组成。用来连接励磁绕组与电枢绕组的电路,并使处于同一磁极下的电枢导体中流过的电流保持固定方向。

2）传动机构

（1）传动机构的作用。

传动机构安装在电动机电枢的延长轴上,在起动航空活塞发动机时,将驱动齿轮与电枢轴连成一体,使发电机起动。航空活塞发动机起动后,飞轮转速提高,将带着驱动齿轮高速旋转,会使电枢轴因超速旋转而损坏,因此,航空活塞发动机起动后,驱动齿轮的转速超过电枢轴的正常转速时,传动机构应使驱动齿轮与电枢轴自动脱开,防止电动机超速。为此,起动机的传动机构中设有超速保护装置。

（2）传动机构的类型。

惯性啮合式传动机构:接通点火开关起动航空活塞发动机时,驱动齿轮靠惯性力的作用,沿电枢轴移出,与飞轮齿圈啮合,使航空活塞发动机起动;航空活塞发动机起动后,当飞轮的转速超过电枢轴转速时,驱动齿轮靠惯性力的作用退回,脱离与飞轮的啮合,防止电动机超速。

强制啮合式传动机构:接通起动开关起动航空活塞发动机时,驱动齿轮靠杠杆机构的作用沿电枢轴移出与飞轮齿圈啮合,使航空活塞发动机起动;航空活塞发动机起动后,切断起动开关,外力的作用消除后,驱动齿轮在复位弹簧的作用下退回,脱离与飞轮的啮合。

电枢移动式啮合机构:接通起动开关起动航空活塞发动机时,在磁极磁力的作用下,整个电枢连同驱动齿轮移动与磁极对齐的同时,驱动齿轮与飞轮齿圈进入啮合;航空活塞发动机起动后,切断起动开关,磁极退磁,电枢轴连同驱动齿轮退回,脱离与飞轮的啮合。

（3）超速保护装置。

超速保护装置是起动机驱动齿轮与电枢轴之间的离合机构,也称为单向离合器。单向离合器安装在驱动齿轮与电枢轴之间,在接通起动开关起动航空活塞发动机时,它将驱动齿轮与电枢轴连成一体,使起动机的电磁转矩通过驱动齿轮和飞轮传到航空活塞发动机的曲轴,发动机起动;航空活塞发动机起动后,它立即将驱动齿轮与电枢轴脱开，防止发动机高速旋转的转矩通过飞轮传递给电枢轴，起到超速保护的作用。常用的单向离合器有滚柱式、弹簧式、摩擦片式等。

图 4.26 所示为滚柱式单向离合器组成与工作示意图。它由外座圈、开有楔形缺口的内座圈、滚子以及装在内座圈孔中的柱塞和弹簧组成。驱动齿轮与外座圈连成一体，花键套筒与内座圈连成一体，并通过花键套在起动机电枢的延长轴上。

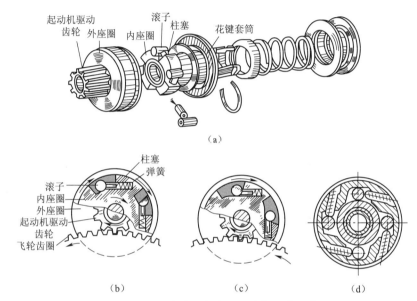

图 4.26　滚柱式单向离合器组成与工作示意图
(a)组成；(b)起动时；(c)起动后；(d)楔形缺口开在外座圈上的单向离合器。

接通起动开关，起动机的电枢轴连同内座圈按图 4.26(b)所示的箭头方向旋转，由于摩擦力和弹簧张力的作用，滚柱被带到内、外座圈之间楔形槽窄的一端，将内、外座圈连成一体，于是电枢轴上的转矩通过内座圈、楔紧的滚柱传递到外座圈和驱动齿轮，驱动齿轮与电枢轴一起旋转使航空活塞发动机起动。起动后，曲轴转速升高，飞轮齿圈将带着驱动齿轮高速旋转。虽然驱动齿轮的旋转方向没有改变，但它由主动轮变为从动轮。当驱动齿轮和外座圈的转速超过内座圈和电枢轴的转速时，在摩擦力的作用下，滚柱克服弹簧张力的作用滚向楔形槽宽的一端，使内、外座圈脱离联系而可以自由地相对运动，高速旋转的驱动齿轮与电枢轴脱开，防止电动机超速，如图 4.26(d)所示。

弹簧式单向离合器的结构如图 4.27 所示。该机构安装在电枢的延长轴上，驱动齿轮右端空套在花键套筒左端外圆面上，扇形块装入驱动齿轮右端的相应缺口中,并伸入花键套筒左端环槽内,使驱动齿轮与花键套筒之间既可以一起做轴向移动,又可以相对滑转。

离合弹簧在自由状态下的内径小于齿轮和花键套筒相应外圆面的外径,在安装状态下弹簧紧套在外圆面上,弹簧与护套之间有间隙。起动时,起动机的电枢轴带动花键套筒旋转,有使弹簧收缩的趋势,弹簧被箍紧在相应外圆面上。于是,起动机的转矩靠弹簧与外圆面之间的摩擦作用传递给驱动齿轮,通过飞轮齿圈带动曲轴旋转,使航空活塞发动机起动。航空活塞发动机一旦起动,驱动齿轮的转速超过花键套筒的转速,弹簧张开,驱动齿轮在花键套筒上滑转,与电枢轴脱开,防止电动机超速。

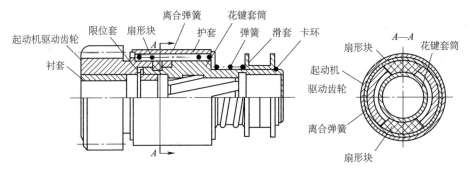

图 4.27 弹簧式单向离合器的结构

摩擦片式单向离合器可以传递较大的转矩,常用于大功率起动机上,其结构如图 4.28 所示。驱动齿轮与摩擦片式离合器的外接合鼓连成一体,内接合鼓靠三线螺旋花键套装在花键套筒左端,花键套筒则通过内螺旋花键套装在电枢轴的花键部分。主动摩擦片的内圆有 4 个凸起,嵌入内接合鼓外圆的 4 个直槽中。从动摩擦片的外圆也有 4 个凸起,嵌入外接合鼓的 4 个直槽中。摩擦片之间的压力通过调整垫圈调整。

接通起动开关起动航空活塞发动机时,起动机的电磁转矩通过电枢轴传递给花键套筒,由于内接合鼓与花键套筒之间存在转速差,内接合鼓沿花键套筒左移,将从动片与主动片压紧使外接合鼓与内接合鼓连成一体,即驱动齿轮与电枢轴连成一体,起动机的转矩通过驱动齿轮和飞轮传递给航空活塞发动机的曲轴,使发动机起动。起动后,飞轮带着驱动齿轮和外接合鼓高速旋转,外接合鼓的转速超过电枢轴和花键套筒的转速,内接合鼓沿花键右移,从动片与主动片分开,使驱动齿轮与电枢轴脱开,防止电动机超速。

3) 控制机构

控制机构的作用是控制起动机主电路的通断和驱动齿轮的移出和退回。控

第4章 航空活塞发动机结构与系统

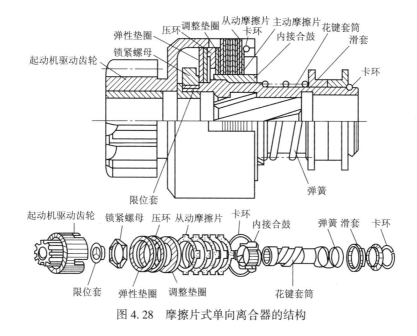

图 4.28 摩擦片式单向离合器的结构

制机构分为直接操纵式和电磁操纵式两种。直接操纵式控制机构检修方便,且不消耗电能,有利于提高起动机的转速。但驾驶人的劳动强度大,不易远距离操纵,目前已很少应用。电磁操纵式控制机构,俗称电磁开关,其使用方便、工作可靠,并适合远距离操纵,目前应用广泛。

2. 电磁啮合式起动机

电磁啮合式起动机在国内外普遍应用。它靠电磁开关的作用控制起动机主电路的通断和传动叉的动作,使驱动齿轮移出和退回。电磁开关安装在起动机的上部,由吸引线圈、保持线圈、固定铁芯、活动铁芯、起动开关接触盘、传动叉等组成。活动铁芯与传动叉相连,接触盘上的推杆可以在固定铁芯的孔中移动。

起动机不工作时,驱动齿轮不与飞轮啮合,接触盘在弹簧作用下与3个接线柱分开。接通点火开关起动航空活塞发动机时,起动机电磁开关中的吸引线圈和保持线圈的电路接通,两个线圈在铁芯中产生的电磁力方向一致,在它们的共同作用下活动铁芯向左移动,推动接触盘的推杆使接触盘左移,并带动传动叉绕其轴销转动,将驱动齿轮推出。

当驱动齿轮与飞轮完全进入啮合时,接触盘已将3个接线柱连通,将起动机与蓄电池接通,起动机开始转动,单向离合器将驱动齿轮与电枢轴连成一体,起动航空活塞发动机。此时,与航空活塞发动机接线柱相连的吸引线圈,因两端接电源正极而被短路,电流中断,磁场消失,失去作用。但这时起动机电路已接通,保持线圈产生的磁力足以使活动铁芯处于吸合位置,维持起动机工作。

发动机起动后,驱动齿轮转速提高,单向离合器打滑,使电枢轴与驱动齿轮脱开,防止电动机超速。及时切断起动开关,电磁开关断电,在回位弹簧作用下,活动铁芯右移,退回原位置,起动机电路被切断,传动叉也在弹簧作用下回位,驱动齿轮退出与飞轮的啮合。

在电磁啮合式起动机的控制电路中,常接有一个起动继电器或组合继电器,以减小流过起动开关的电流,避免点火开关早期损坏。图 4.29 所示为带有起动继电器的起动电路。

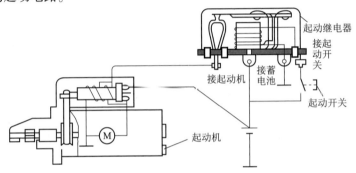

图 4.29 带有起动继电器的起动电路

3. 减速起动机和永磁起动机

在起动机的电枢轴与驱动齿轮之间装有齿轮减速器的起动机,称为减速起动机。串激式直流电动机的功率与其转矩和转速成正比,可见,当提高电动机转速的同时降低其转矩时,可以保持起动机功率不变,故当采用高速、低转矩的串激式直流电动机作为起动机时,在功率相同的情况下,可以使起动机的体积和质量大大减小。但是,起动机的转矩过低,不能满足起动航空活塞发动机的要求。为此,在电动机的电枢轴与驱动齿轮之间安装齿轮减速器,可以在降低电动机转速的同时提高其转矩。减速起动机在国内外汽车上已广泛应用,图 4.30 所示为其结构图。减速起动机的传动方式有外啮合式、内啮合式、行星齿轮式 3 种不同形式,如图 4.31 所示。

以永磁材料作为磁极的起动机,称为永磁起动机。它取消了传统起动机中的励磁绕组和磁极铁芯,使起动机的结构简化,体积和质量大大减小,可靠性提高,并节省了金属材料,其结构如图 4.32 所示。

采用高速低转矩的永磁电动机,并在驱动齿轮与电枢轴之间安装齿轮减速器的起动机,称为永磁减速起动机。永磁减速起动机的体积和质量可以进一步减小,目前已得到广泛应用,其结构如图 4.33 所示。

第4章 航空活塞发动机结构与系统

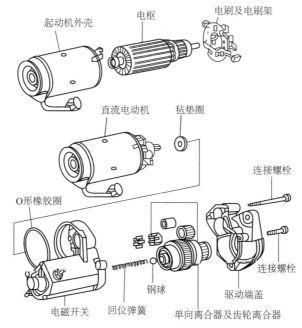

图 4.30 减速起动机

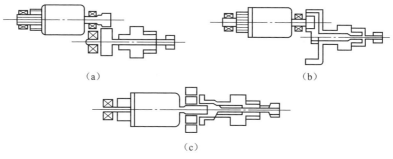

图 4.31 减速起动机的传动方式
(a)外啮合;(b)内啮合;(c)行星齿轮

4.4.3 发动机起动

1. 起动前的准备

起动发动机之前,首先要打开飞机罩,移开影响起动的无关设备和障碍物,将飞机周围打扫干净,准备好消防设备,然后做好飞行前的检查。要着重检查燃油(包括燃油牌号、油量、污染情况、油箱通气情况等)、滑油(包括滑油量、滑油

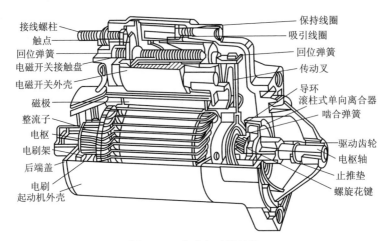

图 4.32 永磁起动机结构

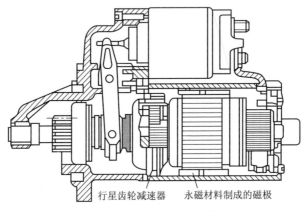

图 4.33 永磁减速起动机

箱通气情况等)和螺旋桨。在驾驶舱中要检查磁电机开关和总电门是否处于关闭位置,油门杆、变距杆和混合比调节杆是否处于正确位置等。

2. 起动过程

起动前,接通总电门和有关电门,检查电压指示,电压不可过低,否则起动机功率不足难以将发动机起动起来;打开油箱开关;向地面管制请示起动许可后进行发动机起动。为防止有车辆和人员靠近螺旋桨,要及时呼叫"离开螺旋桨"的口令。起动时,首先利用注油器向发动机注油,注油完毕要及时关闭注油器,继而操纵起动开关将发动机起动起来。起动后,使用油门杆将发动机调至暖机转速。

在起动过程中要注意如下几点：

（1）起动时的注油量要适当。夏天起动时的注油量应少于冬天起动时的注油量；热发动机(简称热发，指停车不久的发动机)起动时的注油量应少于冷发动机(简称冷发，指停车时间较长的发动机)起动时的注油量。

（2）要注视各种仪表的指示，特别要注视滑油压力表，在起动后 30s 内是否达到规定的滑油压力，若滑油压力表无指示或未满足规定的指示值，应当立即停车检查。

（3）电动起动机的连续工作时间应在限制时间之内，否则，电动机会过热甚至烧毁。

（4）如果发生化油器回火或其他反常现象，应根据发动机操作手册的要求及时果断地进行处理。

3. 冷发和热发起动

冷发温度低，热发温度高，通常使用气缸头温度的高低来界定热发和冷发。冷发和热发起动的区别主要根据温度对燃油和滑油性能的影响。

对于冷发起动或处于严寒气候下的发动机，由于低温使燃油汽化较困难，起动时应多加注油。例如，某发动机在冬季起动时，需注油 3~5 次；而在夏季起动时只需两三次。同时，在低温条件下，滑油的黏性大，发动机起动时转动阻力矩大，尤其在严寒条件下，阻力矩更是明显。所以，在起动发动机之前，应扳转螺旋桨二三圈，使发动机相对运动的机件表面上的滑油膜润释，以减少起动阻力，从而减少起动发电机和蓄电池的负荷。寒冷条件下起动发动机时，滑油压力上升慢，一般需 30~60s 才能使滑油压力达到规定值。在十分寒冷的条件下起动时，还须使用地面加温设备，对发动机、滑油冷却器和螺旋桨的变矩滑油缸进行加温后，再起动发动机。而且在寒冷条件下，起动系统的蓄电池电压较低，这也是起动困难的原因。

热发起动时比冷发起动时注油少。但是对于喷油式发动机来说，由于在停车后的短时间内燃油系统中产生较多燃油蒸气，燃油蒸气和空气在油管中形成气塞，使供油量减少，甚至中断供油，造成起动困难。所以，在起动喷油式发动机时，要提前开动辅助燃油泵，以预防产生或消除系统中的气塞。

4.5 点火系统

要使气缸内的混合气燃烧，首先要使混合气着火。绝大部分航空活塞发动机使用的燃料是航空汽油，着火的方式是点燃。现代航空活塞式发动机都是利用高压电产生电火花来点燃混合气的。由于活塞式发动机每完成一次循环都需要点一次火,因此,点火系统的工作是否正常,将直接影响发动机的功率、经济性和发动机工作的可靠性,关系着发动机的起动能否成功。点火系统对于航空活塞式发动机具有十分重要的意义。

4.5.1 组成

活塞式发动机的点火系统主要由三部分组成,即磁电机、分电器和电嘴(火花塞)。点火系统的任务是产生高压电并适时产生电火花,以点燃进入气缸内的新鲜油气混合物。图4.34为点火系统示意图。

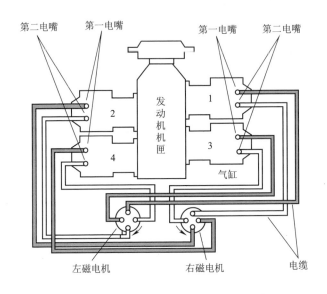

图 4.34 点火系统示意图

活塞式航空发动机均配有两个相互独立的磁电机,每个气缸装有两个电嘴。每个磁电机产生的高压电分别供给各气缸中的一个电嘴用于点火,从而构成两套相互独立、互不影响的双点火系统。

双点火系统使每个气缸中的两个电嘴同时打火,这比起地面常用的单点火系统多了两个优点:一是使燃烧时间缩短,燃烧效率提高,从而使发动机的功率增大、经济性好;二是发动机的工作更为安全可靠,当某一套点火系统发生故障时,另一套点火系统仍能正常工作,维持发动机正常运行,这对空中飞行的飞机具有十分重要的意义。

4.5.2 磁电机

磁电机是为点火提供高压电的自备电源。磁电机产生高压电是运用电磁感应原理实现的。磁电机由磁路、低压电路和高压电路组成,如图4.35所示。其磁路包括磁铁转子、软铁架和软铁芯,用以产生周期变化的基本磁场,形成线圈中周期变化的基本磁通;低压电路包括(初)级线圈、断电器和电容器,用以产生低压感应电流(即低压电流),并在适当时机将低压电路断开,使低压电流的电磁场迅速消失;高压电路包括二(次)级线圈和分电器,用以在低压电路断开时,产生高压感应电流(即高压电),并将高压电按照发动机的点火次序输送到各气缸的电嘴。总之,与普通发电机相似,磁电机是利用电磁感应原理,先在一级线圈上产生低压电,然后利用突然断电的方法使二级线圈产生高压电供电嘴打火的电气设备。

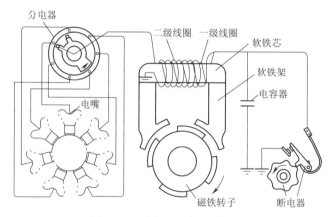

图4.35 磁电机基本组成原理

为提高二级线圈的感应电动势,在低压电路上增设了断电器,用低压电路突然断电、低压电流和电磁场瞬时消失的方法,加大磁通的变化率,从而在二级线圈上感应出高压电。

断电器由凸轮、接触器、杠杆与弹簧片等组成。接触器有两个触点,一个接地(搭铁),一个经杠杆和弹簧片与一级线圈相连。当两个接触点借弹簧片的弹力密切接触时,低压电路连成通路,一级线圈产生感应电流,此交变的感应电流又使铁芯中生成一个新的电磁场。这样,在铁芯中的磁场是基本磁场和电磁场的叠加磁场。当电磁场最大时,由凸轮控制的断电器接触点断开,低压电路中断,电磁场立即消失,铁芯中的叠加磁场立即变为基本磁场,从而使铁芯中的磁场变化率突然增加,使二级线圈产生高压电,其电压值高达15000~20000V。

低压电路断开时由于电磁场的突然变化,不仅使二级线圈中产生很高的感应电动势,同时一级线圈也产生300~400V的自感应电动势。在如此高的自感应电动势的作用下,在接触点刚断开、间隙很小时,接触点电压可升高到很大数值,足以使接触点间的空气发生强烈电离而产生电火花。这时一方面可以烧坏接触点,另一方面,由于接触点间空气电离,在自感应电动势作用下,低压电流在接触点断开的最初一段时间内仍将按原来的方向从接触点间隙中流过,不能立即中断,致使磁通变化的速度减小,二级线圈感应电动势不可能足够高。为解决上述矛盾,在低压电路中并联一个电容器,如图4.35所示,有了这一电容器,在断路时,将自感应电动势产生的电流分为两路:一路流向断路器的接触点;另一路流向电容器使其充电。由于电容器具有较大的电容,远远大于接触器刚断开时所具有的电容值,因此能够吸收大部分自感应电流,使接触点处免于产生火花。同时,该电容器放电时的方向与充电时相反,加速了铁芯中电磁场的消失,从而也提高了二级线圈的感应电动势。

多缸发动机是按照一定的点火次序进行点火的,因此,磁电机产生的高压电应当按照发动机的点火次序适时地分配到各个气缸。这一工作由分电器来完成。分电器由分电臂和分电盘组成。分电盘上有分电站,分电站的数目与发动机的气缸数目相同。磁电机工作时,当断电器接触点断开的瞬间,二级线圈中便产生高压电,此时分电臂正好对准分电站。于是,高压电就通过分电臂、分电站和高压导线输送至电嘴。当接触点下一次断开时,分电臂又对准下一个分电站,高压电又输送到下一个气缸的电嘴,分电臂旋转一周,各气缸按其工作次序轮流点火一次,如图4.36所示。

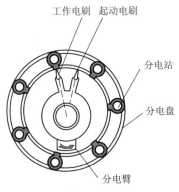

图4.36 分电器的工作

对于磁电机的控制是指使其产生高压电或不产生高压电而言的,该控制是由磁电机开关来实现的,如图4.35所示,磁电机开关并联在低压电路上。

当磁电机开关闭合时,低压电路与地线成通路,这时,如果断电器的接触点断开,低压电流不会中断,铁芯中的磁通不可能发生突然变化,三级线圈不可能产生高压电;当磁电机开关断开时,如果断电器接触点断开,低压电流立即中断,铁芯中的磁通发生突然变化,二级线圈将产生所需的高压电。

驾驶舱中由飞行员控制的磁电机开关(图4.37)称为点火开关。该开关有5个挡位:左(L)、右(R)、全开(BOTH)和关(OFF)四挡用于磁电机的正常点火;起动(START)挡(推(PUSH)挡)用于起动点火。

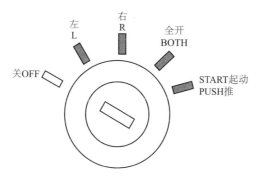

图4.37 驾驶舱中的磁电机开关

当开关旋钮旋到"左"挡时,表示左磁电机开关断开,可以产生高压电;同时,右磁电机开关闭合,不可以产生高压电。当旋钮旋到"右"挡时,右磁电机开关断开,可以产生高压电;而左磁电机开关闭合,不可以产生高压电。当旋钮旋到"全开"挡时,左右两个磁电机开关都断开,两个磁电机同时产生高压电。当旋钮旋到"关"位时,左右两个磁电机都闭合,两个磁电机均不可产生高压电。当旋钮旋到"起动"位时,只要按一下"推"挡(PUSH),则接通发动机的起动点火系统,该系统就产生高压电,并通过分电器的起动电刷接通到各气缸中的电嘴。绝大多数现代化发动机在起动系统工作的同时,使左磁电机开关断开以进行高压供电。

由以上的介绍可知,当点火旋钮处于"左"位或"右"挡时,发动机的各气缸只有一个电嘴点火;处于"全开"位时,各气缸中的两个电嘴同时打火。虽然发动机在正常工作时,点火旋钮多处于"全开"挡,但在起飞前,驾驶员必须要使用"左"和"右"挡检查左、右磁电机和点火系统是否正常。

4.5.3 电嘴

电嘴的功用是利用磁电机输送的高压电击穿两极间的空气产生电火花,点燃气缸内的混合气。

1. 电嘴的结构与工作

电嘴由绝缘体、隔波套管和外壳等组成，如图 4.38 所示。

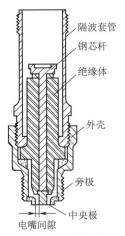

图 4.38 电嘴的组成

电嘴有中央极和旁极，发动机工作时，磁电机产生的高压电接到中央极，在中央极和旁极之间形成很高的电位差。当二次线圈的电压达到电嘴的击穿电压时，电嘴电极间的气体便发生强烈的电离。形成深蓝色发亮的电火花。由于旁极经电嘴壳体与隔波装置和发动机机体塔铁，因此，电流经过高压导线、电嘴、隔波装置和发动机机体以及磁电机本身而组成回路。二次线圈感应电动势的方向是正负交变的，所以，高压电路中电流的方向也是变化的。电嘴跳火时，电火花总是在最小的一个间隙中产生，当这个间隙由于电极腐蚀和电侵蚀而增大以后，电火花就在另一个间隙中产生。

2. 影响电嘴工作的因素

电嘴的电火花对发动机的功率影响很大，在发动机的实际工作过程中，影响电嘴产生电火花的因素较多，现主要从三个主要方面进行分析。

1) 电嘴间隙

正常工作的电嘴，其电嘴间隙是有一定要求的。由于电嘴长期遭受各种侵蚀、机械冲撞或间隙校正不当，可能造成间隙过大或过小。间隙过大会使击穿电压显著升高，从而造成点火困难或击穿绝缘体以及磁电机不能正常工作；间隙过小会使电火花强度减小，难以点燃混合气，还可能使间隙积炭而短路，形不成电火花。

2) 电嘴挂油、积铅、积炭和受潮

电嘴上的挂油、积铅、积炭和受潮都会导电，这样便在电嘴间隙处形成了一个导电的桥梁,相当于与电嘴并联了一个分路电阻。由于有分路电阻的存在,使磁电机中二级线圈的感应电动势降低,电火花的强度减弱。在电嘴挂油、积铅、积炭和受潮严重时,分路电阻很小,电嘴甚至不能产生电火花。

电嘴的积炭主要是长期过富油燃烧或活塞涨圈磨损,以及过多的滑油进入气缸燃烧后造成的。使用含铅量较高的汽油或在贫油状态下长时间巡航易造成电嘴积铅。因此在发动机的使用过程中,应注意保证滑油压力正常;防止混合气过富油燃烧;发动机在慢车工作时间不能太长。此外,每次发动机停车前,按规定程序烧电嘴,用热冲击的方法使电嘴上的挂油、积炭和积铅脱落下来。

3) 电嘴温度

发动机在最大转速工作时,电嘴绝缘体下部和电极的温度不得超过800℃;在最小转速工作时,电嘴绝缘体下部和电极的温度不得低于500℃。如果电嘴的温度过高,不仅使电嘴的击穿电压降低,还会引发早燃;如果电嘴温度过低,不仅使电嘴的击穿电压升高,而且还会发生电嘴挂油、积炭,使电火花强度减弱,甚至不能产生火花。所以,电嘴温度不得低于电嘴自动烧掉油污所需的温度,即电嘴的自洁温度。

3. 电嘴的维护

在对电嘴进行维护时,应当严格遵守发动机和电嘴生产厂家推荐的电嘴的检查和维护程序。

1) 电嘴的拆装

电嘴的拆装要使用正确的工具和方法。拆卸时,不要使用冲击型扳手,用专用的电嘴架放置电嘴,以防止电嘴的电极、螺纹和绝缘瓷管损伤。安装前,目视检查绝缘瓷管以及螺纹的状况,并预先在电嘴下部螺纹上涂上一层石墨油膏作防滞剂。清理气缸头部的螺纹孔,安装新的垫片以保证电嘴正确的密封。安装时,先用手将电嘴拧入气缸头部螺纹孔,再参照厂家的要求,用力矩扳手拧紧电嘴至规定力矩。

另外需要注意的是,电嘴掉落到地面后可能会造成绝缘瓷管出现不易观察的裂纹而导致电嘴失效,故不能再使用。由于各气缸工作情况不一样,因此各气缸电嘴电蚀现象往往不同,为了调整和改善电嘴的电蚀现象,每飞行50小时可以将上下排电嘴互换安装,达到延长电嘴寿命的目的。

2) 电嘴的检查、修理和测试

首先目视检查电嘴状况,报废有损坏或电极厚度不到原始厚度一半的电嘴。按照推荐的程序和溶剂清除电嘴上的油污和积铅、积炭。再用压缩空气吹干电嘴,防止在喷砂过程中液体粘有研磨剂残留在壳体和绝缘体之间,引起电嘴失效。完全清洁电嘴后,使用电嘴间隙调整工具,通过调整电嘴旁极的方法来调整间隙。调定间隙后应该用圆形塞规来检测,让塞规和中心电极的中心线平行地插入到每个间隙内。

要使用电嘴生产厂家推荐的专用电嘴测试仪,按照测试程序对电嘴进行测试,淘汰不合格的电嘴。良好修理后的电嘴应具有以下特征:干净清洁;力学性能良好;电极厚度足够,外形满意;通过规定的测试,电气性能良好等。

3) 发动机的正确使用和维护

在大多数情况下,电嘴故障是由发动机其他部件故障引起的。因此,发动机的正确使用和维护对电嘴的维护十分有利。

(1) 使用符合发动机生产厂家提供的符合标准的航空燃油。含铅量应符合标准,含铅量低,发动机容易发生爆震,可能会损坏电嘴电极,造成绝缘体头部破裂;含铅量高,电嘴和气门机构容易积铅,使电嘴产生的电火花减弱甚至不工作,造成发动机功率下降而抖动。

(2) 正确使用和操纵发动机,要防止电嘴挂油积炭、积铅。为此,滑油压力不能过高;发动机慢车时间不宜过久;混合比设置正确;正确暖机;推收油门柔和;停车前烧电嘴等。

(3) 按照规定的程序对发动机进行维护。当发现同一个气缸的上下部电嘴持续和重复出现滑油污染,则说明发动机可能由于失效的活塞涨圈、损坏的活塞或磨损的气门导套而恶化,需要立即纠正。

参考文献

[1] 付尧明. 活塞发动机[M]. 北京:清华大学出版社,2016.
[2] 丁发军,闫峰. 航空活塞发动机工程技术管理[M]. 成都:西南交通大学出版社,2014.
[3] 张伟. 航空发动机[M]. 北京:航空工业出版社,2008.
[4] 李卫东,赵廷渝. 航空活塞动力装置[M]. 成都:西南交通大学出版社,2004.
[5] 唐庆如. 活塞发动机:ME-PA、PH[M]. 北京:兵器工程出版社,2007.
[6] 李卫东,侯甲栋. 航空活塞动力装置[M]. 2版. 成都:西南交通大学出版社,2016.
[7] 王云. 航空发动机原理[M]. 北京:北京航空航天大学出版社,2009.
[8] JEAN-PIERRE PIRAULT,MARTIN FLINT. 对置活塞发动机[M]. 张然治,吴建全,谭建松,等译. 北京:国防工业出版社,2012.
[9] 刘大响,陈光. 航空发动机——飞机的心脏[M]. 北京:航空工业出版社,2003.
[10] 李汝辉,吴一黄. 活塞式航空动力装置[M]. 北京:北京航空航天大学出版社,2008.
[11] 侯志兴. 世界航空发动机手册[M]. 北京:航空工业出版社,2007.
[12] 黎洛阳. 航空活塞式发动机电嘴的选用及维护[J]. 北京:科技创新导报,2011(14):54.

第 5 章 航空动力装置的工作性能

近年来,随着我国低空空域开放步伐的加快,国家相继出台了各种发展通用航空产业的支持政策。国务院颁布的《国家长期科学和技术发展规划纲要(2006—2020年)》把低空多用途通用航空飞行器列为重点领域交通运输业的优先主题内容。作为民航的"两翼"之一的通用航空业也进入了发展的高速期和重要机遇期。据《2013年中国通用航空业发展分析报告》数据显示,截至2013年底,我国通用航空机队在册总数为1654架,比上年增长23.2%。据中国民航总局的预测,到2020年通用航空机队规模总数将达到10000架,其中活塞飞机6000架,涡桨飞机2000架,喷气公务机500架,直升机1500架。

从图5.1中可以看出,在通用航空动力装置中,航空活塞发动机、航空涡桨发动机、航空涡轴发动机是应用最广泛的三款发动机。下面将分别从发动机的一般工作情况及发动机的基本性能参数来分析通用航空的这三款动力装置。

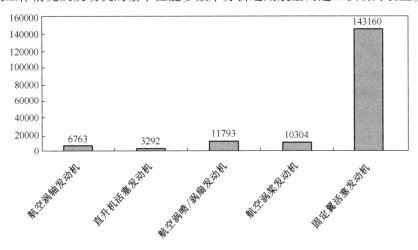

图 5.1 现役通用航空飞机数目(数据来源 FAA)

5.1 航空活塞发动机

目前,世界上有36万架通用航空飞机,其中有将近80%是活塞发动机飞机,可见通用航空活塞发动机在通用航空领域应用非常广泛,图5.2所示为通用航空活塞发动机的应用领域。由此可见,通用航空活塞发动机是通用航空动力装置的中坚力量。

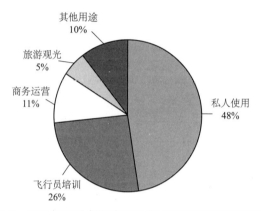

图5.2　通用航空活塞发动机的应用领域(数据来源FAA)

5.1.1　一般工作

装有活塞式发动机的通用飞机,它向前飞行的拉力是由发动机带动的螺旋桨产生的,所以螺旋桨就成了飞机的推进器,活塞式发动机加上螺旋桨就组成了飞机的动力装置,其中通用航空活塞式发动机和航空发动机一样,由主要机件和工作系统组成。

主要机件包括气缸、活塞、连杆、曲轴、气门机构和机匣。而气缸呈圆筒形,固定在机匣上,活塞装在气缸里面,并通过连杆和曲轴相连,曲轴由机匣支撑。曲轴与螺旋桨轴相连,有的发动机曲轴的轴头本身就是螺旋桨轴;气门机构由进气门、排气门以及凸轮盘(或凸轮轴)、挺杆、推杆、摇臂等传动机件组成,这些机件分别安装在气缸和机匣上。气缸是混合气进行燃烧并将燃料燃烧释放出来的热能转换为机械能的地方。

活塞在气缸内做往复运动,燃气的压力作用在活塞的顶面上,活塞就被推动而做功。燃气所做的功,最终用来带动螺旋桨旋转,产生拉力,使飞机前进,但活塞在气缸内只能做直线运动。因此,必须把活塞的直线运动转变为螺旋桨的旋转运动,这个任务即由连杆和曲轴来完成。连杆的一端连接活塞,另一端与曲轴的曲颈相连。当活塞承受燃气的压力做直线运动时,经过连杆的传动,就能推动曲柄使曲轴旋转,从而带动螺旋桨旋转。活塞、连杆和曲轴这三个在运动中密切关联的机件,通常又合称为曲拐机构。发动机运转时,气缸内不断进行着气体的新陈代谢,气门机构的作用就是控制气门的开启和关闭,以保证新鲜混合气(或空气)在适当的时机进入气缸,和保证燃烧做功后的废气适时地从气缸排出。机匣是发动机的壳体,它除了用来安装气缸和支撑曲轴外,还将发动机的所有机件连接起来,构成一台完整的发动机。大功率航空活塞式发动机,在螺旋桨轴和曲轴之间一般都装有减速器,使螺旋桨轴的转速低于曲轴的转速。

航空活塞式发动机不但要具备上面所述的主要机件,而且还必须有许多附件相配合,才能够进行工作。发动机的附件分属于几个工作系统,每个工作系统担负发动机工作中一个方面的任务。航空活塞式发动机一般都具有燃油、点火、润滑、冷却和起动等工作系统。

5.1.2 主要性能参数

航空活塞发动机的性能主要由发动机的做功能力和经济性来表征。发动机的做功能力包含了自身工作需要的功率、带动飞机螺旋桨转动的功率和损失的功率等;经济性则主要是指的燃油的消耗率既发动机每小时消耗的燃油重量。

1. 做功能力

1) 指示功率

指示功率就是发动机在单位时间内完成的指示功,用符号 $N_{指}$ 表示。发动机实际循环的指示功等于循环的膨胀功与压缩功之差,即

$$W_{指} = W_{膨} - W_{压} \tag{5.1}$$

设发动机的气缸数为 i,发动机的曲轴转速为 $n(\text{r/min})$。那么,一个气缸每秒钟的循环数应该是 $\dfrac{n}{2 \times 60}$。

指示功是一个气缸在一次循环中对活塞所做的功,故指示功与气缸数和每秒钟循环次数的连乘积,就是指示功率,即

$$N_{指} = \dfrac{W_{指} in}{2 \times 60} \tag{5.2}$$

从式(5.2)可以看出,指示功率的大小取决于指示功、气缸数和发动机转速。对所使用的发动机来说,气缸数不变,可以不考虑,指示功率只决定于指示功和转速。因此可以得出凡影响指示功的因素,也影响指示功率。而对此有影

响的有混合气的余气系数、进气压力、进气温度、提前点火角、发动机转速等。

当混合气的余气系数 $\alpha = 0.85$ 左右时,燃料燃烧的火焰传播速度最快,气缸内燃气压力能很快上升到最大值,燃气对活塞的膨胀功增大到最大值,指示功最大,所以发动机的指示功率也最大。因此,$\alpha = 0.85$ 是最大功率余气系数。当混合气余气系数大于或小于 0.85 时,火焰传播速度减小,指示功率均减小;进气压力增大,进入气缸的气体密度增大,充填量增大,指示功增大,指示功率也增大。

2) 有效功率

发动机发出的指示功率,在扣除消耗于发动机本身的阻力功率和增压器功率之后,剩下来的功率用于带动螺旋桨。发动机用于带动螺旋桨的功率称为有效功率,用 $N_{有效}$ 表示。

对吸气式发动机,其有效功率为

$$N_{有效} = N_{指} - N_{阻} \tag{5.3}$$

对增压式发动机,其有效功率为

$$N_{有效} = N_{指} - N_{阻} - N_{增} \tag{5.4}$$

从式(5.3)、式(5.4)中看出,在同等情况下增压式发动机的有效功率似乎比吸气式发动机的小,但实际正好相反。发动机安装了增压器,多消耗一部分功率,但增压器提高了进气压力,增大了指示功率,指示功率的增加量比带动增压器消耗的功率大得多。因而带增压器的发动机的有效功率比吸气式的大。指示功率是指发动机能发出的功率,带动螺旋桨的有效功率是指示功率的一部分。根据这个含义,也可以得到有效功的概念。有效功是指示功中能够传给螺旋桨的那部分功,用 $W_{有效}$ 表示。有效功率的公式如下:

$$N_{有效} = \frac{W_{有效} i n}{2 \times 60 \times 75} \tag{5.5}$$

由式(5.5)可以看出,有效功率的大小决定于指示功率、阻力功率和增压器功率。从使用发动机的角度来看,影响有效功率的因素有进气压力和进气温度、提前点火角、曲轴转速、滑油温度、混合气余气系数等。其中,进气压力增大或进气温度降低,都使充填量增加,从而使发动机的指示功率增加。这时,阻力功率因进气压力增加得不是太大而保持基本不变。增压器功率因空气流量增多而有所增加,但增加的量没有指示功率增加的量多。综合以上结果,发动机的有效功率是增大的。相反,进气压力降低或进气温度升高,有效功率减小;提前点火角过大或过小,都使指示功率减小,从而使有效功率减小,只有在最有利提前点火角时,指示功率最大,有效功率最大;曲轴转速变化不仅影响指示功率,同时也影响阻力功率和增压器功率,使有效功率按一定规律变化,此变化规律称为发动机的转速特性;滑油温度主要影响阻力功率的大小,滑油温度适当,摩擦损失功率最小,有效功率增大,滑油温度过大或过小,有效功率都会减小;混合气余气系数主要影响指示功率,对阻力功率和增压器功率影响很小。因此,混合气余气系数在 0.85 左右,可获得最大指示功率,有效功率也大大增加;余气系数大于或小于 0.85,有效功率都会减小。

3) 损失功率

发动机所得到的指示功率并不是全部用来带动螺旋桨的,其中有一部分是用来克服机件之间的摩擦、带动发动机附件以及供给发动机进、排气所需要的动力。也就是说,这几部分消耗于发动机本身的功率之和,成为发动机的损失功率,用 $N_{阻}$ 表示。具体来说,损失功率主要包括 3 个部分。

(1) 克服机件摩擦消耗的功率。发动机工作时,相互接触的机件因有相对运动而产生了摩擦,克服这些摩擦都要消耗一部分功率。

(2) 带动附件所消耗的功率。发动机各工作系统中的许多附件,如汽油泵、滑油泵、磁电机等,都是由发动机曲轴带动的,带动这些附件也要消耗一部分功率。

(3) 进、排气损失功率。在进、排气冲程中,活塞上下两面存在着压力差,阻碍活塞运动。克服这个压力差所消耗的功率称为进、排气损失功率。

2. 发动机的经济性

对发动机来讲,除要求动力性能好外,还要求经济性好。发动机的效率和燃料消耗率是衡量发动机经济性能的两个重要指标。

1) 发动机的效率

发动机的效率包括指示效率、机械效率和有效效率。

(1) 指示效率。发动机指示效率等于转化成指示功的热量与一个循环中所加燃料的理论放热量之比,即

$$\eta_{指} = \frac{AW_{指}}{Q_{强}} \quad (5.6)$$

指示效率越高,说明转变为指示功的热量越多,热损失越小,发动机的热利用程度越好。因此,应使热损失尽量减小来提高指示效率。

(2) 机械效率。发动机得到的指示功,实际上是不可能全部用于带动螺旋桨的,因为发动机得到的指示功,还得拿出一部分来,用于克服机件的摩擦,带动附件和补偿进、排气功的损失;对于增压式发动机,还得多用一部分功去带动增压器。从指示功中拿出来的这部分消耗于发动机机件本身的功,称为机械损失。因此,指示功扣除机械损失后剩下的才是带动螺旋桨的功,即有效功。机械损失

的大小可以用发动机的机械效率来衡量。发动机的有效功与指示功的比值,称为机械效率。

(3) 有效效率。有效功的热当量与每一循环的理论放热量之比值,称有效效率,用 $\eta_{有效}$ 表示,即

$$\eta_{有效} = \frac{AW_{有效}}{Q_{强}} \tag{5.7}$$

有效效率表示供给发动机的燃料所含热能的有效利用程度。有效效率越高,说明供给发动机的燃料所含的热能,转换为有效功的热量越大,用于带动螺旋桨的功就越多。有效效率说明了总损失的大小,是衡量发动机经济性的两个重要指标。有效效率高,发动机的总损失小,经济性好;有效效率低,发动机的总损失大,经济性差。

2) 燃油消耗率

发动机每小时消耗的燃油质量,称为燃油消耗量,用 $G_{时燃}$ 表示,单位为 kg/h。发动机产生 1kW 有效功率,在 1h 内所消耗的燃油质量,称为有效燃油消耗率,简称燃油消耗率,用 SFC 表示,单位为 kg/(kW·h),即

$$\text{SFC} = \frac{G_{时燃}}{N_{有效}} \tag{5.8}$$

燃油消耗率不仅考虑到每小时燃油消耗量的大小,而且还考虑到了发动机功率的大小,因此,它是衡量发动机经济性的又一重要指标。燃油消耗率和有效效率都是衡量发动机经济性的指标,两者的关系为

$$\text{SFC} = \frac{632}{\eta_{有效} H_{低}} \tag{5.9}$$

可见,燃油消耗率与有效效率成反比。发动机的燃油消耗率从消耗燃料多少的角度来衡量发动机的经济性,有效效率从能量损失的角度(热损失和机械损失)来衡量发动机的经济性。两者是统一的,且成反比关系。有效效率高,说明能量损失小,要得到同样的有效功率,燃料消耗率就必然小。

5.2 航空涡桨发动机

航空燃气涡轮发动机有四种基本类型,即涡轮喷气发动机、涡轮风扇发动机、涡轮螺旋桨发动机和涡轮轴发动机。20 世纪 80 年代后期又发展了一种介于涡轮风扇发动机与涡轮螺旋桨发动机之间的螺桨风扇发动机。这些发动机中,均有压气机、燃烧室和驱动压气机的燃气涡轮,因此,这类发动机统称为燃气

涡轮发动机,作为通用航空飞行器的动力装置则称为通用航空燃气涡轮发动机。以涡轮喷气发动机为例,通用航空涡桨发动机组成的基本部件与涡喷发动机是相似的,不同的是比涡喷发动机多了螺旋桨和为了协调涡轮和螺旋桨转速的减速器。减速器的作用是在涡轮转速较大的条件下,使螺旋桨以较小的转速工作。防止螺旋桨叶尖圆周速度太大,造成过大的激波损失,它的传动比一般为(10~16):1。目前使用的通用航空涡桨发动机有三种结构方案,最简单的是单轴式涡桨发动机,这种结构的最大优点是有良好的加速性,但是很难使同一根轴上的压气机、涡轮和螺旋桨的工作协调一致。这种通用航空涡轮螺旋桨发动机在起动时需要功率较大的起动机。而且起动时间较长。第二种是双轴式,一个涡轮轴带动部分级压气机,第二个涡轮轴带动其余级的压气机和螺旋桨,这种通用航空涡轮螺旋桨发动机在起动时只需要起动机带动压气机的转子。第三种是一个涡轮带动压气机,另一个涡轮(动力涡轮)带动螺旋桨,螺旋桨通过减速器直接与动力涡轮相连接。连接螺旋桨的动力涡轮不与燃气发生器相连接,故又称为"自由涡轮"。其优点是:采用变矩螺旋桨以后,可以根据飞行速度和动力涡轮的功率自动调节桨矩,保持螺旋桨转速不变;燃气发生器的工作不受螺旋桨转速的约束,易于起动和调节。为提高燃气发生器的性能,燃气发生器也可以采用双轴式。目前,通用航空广泛使用的涡桨发动机是自由涡轮式。在这一类发动机中主要是燃气发生器起作用,驱动在发动机排气流中自由旋转的涡轮,自由涡轮通过减速器转动螺旋桨。

5.2.1 一般工作

通用航空涡桨发动机工作时,空气经进气道进入压气机,受到压缩,提高了压力,然后流进燃烧室,与燃油混合燃烧,得到大量热能,燃气温度升高。高温、高压的燃气流入多级涡轮,在各级中逐次膨胀,把大部分热能转换成机械功,带动压气机和螺旋桨转动,约2/3的涡轮功率用来转动压气机,其余的1/3用来转动螺旋桨和传动附件,发动机借螺旋桨产生拉力,燃气流出涡轮后,经喷管喷出产生推力。上述工作情形可以知道,从热机的角度来看,通用航空涡桨发动机同涡喷发动机在本质上没有什么区别。然而,从推进器的角度来看,它们却有很大的差别:涡轮喷气发动机通过对相对小的空气质量流量进行较大的加速产生它的推力,通用航空涡桨发动机对相对大的空气质量流量施加较小的加速产生拉力,也靠增大流过发动机的气体的动能产生部分推力,推进是由在前面的螺旋桨和在后面的喷管组合作用产生的。因此,从能量角度来看,通用航空涡桨发动机燃气可用能量的分配,与涡喷发动机不同。一般的通用航空涡桨发动机都是把燃气85%~90%的可用能量在涡轮处膨胀做功,用来带动螺旋桨,只有10%~

15%的可用能量,用来增大气体的动能。

这样的分配有两个优点:发挥螺旋桨在低、中速飞行中效率高的优点,使绝大部分能量用来产生拉力,损耗的部分少;同时,只有小部分燃气能量用来增加气体的动能,喷气速度就不会很大。在飞行速度不大的情况下,动能损失小,喷气的推进效率也比较高。

5.2.2 主要性能参数

1. 螺旋桨的推进功率

螺旋桨的推进功率等于飞机的飞行速度乘以螺旋桨产生的拉力,即

$$N_p = (F_B + F_j)c_0 \tag{5.10}$$

式中的喷气推力 F_j 与螺旋桨拉力相比较小,简便起见,忽略 F_j,即

$$N_p = F_B c_0 \tag{5.11}$$

2. 推进效率

作为热机,通用航空发动机将燃料的热能转变为循环的有效功,其转换过程的有效程度用循环热效率衡量。飞行过程中循环有效功转变为推动飞机前进的推进功,该转变过程的完善程度用推进效率衡量。推进效率表明动力装置作为推进器的有效性。推进效率的定义是:推进功与有效功之比,或者推进功率与有效功率之比。在飞行时,涡轮螺旋桨发动机循环有效功率大部分传递给螺旋桨,小部分用于增加通过发动机气流的动能,忽略掉后一部分,则有效功率等于螺旋桨功率:

$$N_{cy} = N_B \tag{5.12}$$

故涡桨发动机的推进效率为

$$\eta_p = \frac{N_p}{N_{cy}} = \frac{F_B c_0}{N_B} \tag{5.13}$$

由此可见,通用航空涡桨发动机的推进效率近似地等于螺旋桨的效率。低速飞行时通用航空涡桨发动机的推进效率比较高。飞行速度增大到螺旋桨叶尖相对速度接近马赫数为 1.0 时,螺旋桨桨叶表面产生激波,其效率开始迅速下降。目前,先进的技术已能生产出一种后掠多叶片的螺旋桨,可在较高的飞行速度下仍有很高的螺旋桨效率。将这种螺旋桨设计技术用于桨扇发动机,可以在飞行速度超过 800km/h 下有效地工作。

3. 螺旋桨效率

螺旋桨效率是螺旋桨的推进功率与发动机提供给螺旋桨的轴功率之比。螺旋桨效率越高,说明发动机的有效功率转变成螺旋桨推进功率所占的比例越大,损失的功率越小,螺旋桨的性能越好。螺旋桨效率主要取决于螺旋桨的几何形

状、尺寸和桨叶迎角。当螺旋桨的几何形状和尺寸一定时,在某一特定的桨叶迎角下,螺旋桨效率最高。使螺旋桨效率最高的桨叶迎角称为有利迎角,有利迎角在 2°~4°范围内。

4. 当量功率

对于通用航空涡轮螺旋桨发动机,一般采用当量功率 N_E 来衡量其动力性能。当量功率就是把涡桨发动机中由喷气所产生的推进功率,设想成是由螺旋桨产生的,并且折合为螺旋桨轴的功率,再将这个折合功率与原有的螺旋桨轴功率 N_B 相加,所得的就是当量功率。当量功率的计算分为两种情况:第一种是有飞行速度时的情形,当量功率为

$$N_E = N_B + F \cdot c_0 / \eta_B \quad (5.14)$$

式中:$F \cdot c_0$ 为推力产生的推进功率;η_B 为螺旋效率。

第二种是发动机在地面试车时的情形,当量功率为

$$N_{EO} = N_{BO} + 68.2 F_0 \quad (5.15)$$

式中:N_{EO} 为飞行速度为零时的当量功率(kW);N_{BO} 为飞行速度为零时的螺旋桨轴功率;F_0 为飞行速度为零时的推力。

因为通用航空涡桨发动机在空中的当量功率随飞行速度而变化,所以这种发动机的技术规范都是以在地面标准大气、最大工作状态工作时的当量功率为它的功率标准。

5. 燃油消耗率

同通用航空活塞发动机燃油消耗率。

$$SFC = 3600 W_f / N_e \quad (5.16)$$

地面台架上涡轮螺旋桨发动机最大状态的 SFC 大致为 0.22~0.35kg/(kW·h)。

6. 发动机总效率

通用航空涡轮螺旋桨发动机总效率 η_0 定义为推进功率与每秒消耗的燃油完全燃烧所释放的热能之比:

$$\eta_0 = \frac{N_p}{H_f W_f} \quad (5.17)$$

其中,对应当量功率的燃油消耗率 SFC 越小以及螺旋桨的效率越高,则通用航空涡轮螺旋桨发动机的总效率越高。

5.3 航空涡轴发动机

5.3.1 一般工作

涡轴发动机是燃气涡轮发动机"族部"中的一个"家族",它们在基本构造和

工作原理上既有区别,也有联系。通用航空涡轴发动机属于涡轴发动机,一般由主体机件和工作系统两大部分构成。其中,发动机的主体机件由进气道、压气机、燃烧室、燃气发生器涡轮、自由涡轮、排气管和减速器等组成;而工作系统,用来自动调节供油量,以适应发动机各种工作状态的需要,保证发动机迅速安全地自动起动;自动控制发动机的各种工作状态;保证发动机安全可靠地工作等。它主要包括燃油系统、起动系统、滑油系统、调节与操纵系统等。依据燃气发生器转子数目的不同,还可将通用航空涡轴发动机分为单转子和双转子涡轴发动机;依据功率输出的方式不同,也可将通用航空涡轴发动机分为后输出式、内前输出式和外前输出式等几种形式;根据构造上有无自由涡轮,可将通用航空涡轴发动机分为定轴式和自由涡轮式涡轴发动机两类。定轴式涡轴发动机没有自由涡轮,压气机和旋翼被同轴的涡轮带动,早期的和小功率的通用航空涡轴发动机采用这种形式。如法国透透博梅卡公司生产的 Artouste Ⅲ Bl(用于 SA315B"美洲驼"直升机)和 Astazuo 14M(用于 AS342M"小羚羊"直升机)发动机就是定轴式涡轴发动机。自由涡轮式涡轴发动机在涡轮后装有与涡轮无机械联系的自由涡轮,并直接从自由涡轮轴上输出功率。

发动机在工作时,燃气发生器转子高速旋转,在压气机进口形成低压区,周围的空气以一定向速度经进气道流入压气机。由于压气机工作叶轮旋转做功,使空气的压力、温度升高。通常压气机出口的轴向速度比进口的低些。气体进入燃烧室后,与燃料混合形成混合气并进行不断地燃烧,使气体获得大量热量,温度大为提高。同时,气流速度也相应增大。由于气体的加速、加热和流动损失使气体流过燃烧室时压力略为下降。燃烧后的高温、高压燃气,流过涡轮时膨胀做功,将燃气的一部分焓转变为机械功,推动涡轮转动,而涡轮又带动压气机和附件工作(对于定轴式涡轴发动机还带动直升机旋翼工作)。燃气从涡轮流出后,温度和压力仍然较高,流经自由涡轮,继续膨胀,把大部分焓转变为机械功,推动自由涡轮旋转。自由涡轮通过减速器和功率输出轴向外输出功率,从而带动旋翼旋转。最后,燃气以较低的温度和接近大气的压力,经过排气管排往大气。

5.3.2 主要性能参数

通用航空涡轴发动机的功率和经济性是标志涡轴发动机性能最主要的两个方面。其中功率参数主要有发动机轴功率、单位流量功率、功率重量比、单位迎面功率;经济性能指标主要有燃油消耗量和燃油消耗率。

1. 发动机轴功率

轴功率是指发动机功率输出轴上的功率,用 N_e 表示,单位为 kW。轴功率是衡量通用航空涡轴发动机性能的一项重要指标。轴功率越大,提供给直升机的动力越大。

但是,单凭轴功率的大小还不足以说明发动机性能的好坏。例如,两台发动机产生的轴功率相同,但一台发动机的尺寸较小、重量较轻、空气流量较小,而另一台的尺寸、重量、空气流量等较大,显然,前一台发动机的性能较好。所以,有关发动机功率性能的评定,除了轴功率外,还需要单位流量功率、功率重量比等技术指标。

2. 单位流量功率

单位流量功率是指每秒钟流过发动机1kg空气在功率输出轴上所产生的轴功率,用 N_s 表示。显然单位流量功率等于发动机轴功率与空气流量(G_a)的比值,即

$$N_s = \frac{N_c}{G_a} \qquad (5.18)$$

在轴功率一定的条件下,单位流量功率越大,则发动机的空气流量越小,发动机横截面的尺寸和重量也越小,越有利于飞行。因此,单位流量功率是表征通用航空涡轴发动机尺寸和重量特征的重要指标。目前,通用航空涡轴发动机单位流量功率大约在 180~250kW·s/kg 范围内。

3. 功率重量比

功率重量比是指发动机功率输出轴上发出的功率与发动机重量的比值,用 N_w 表示。设发动机重量为 G,则有

$$N_w = \frac{N_c}{G} \qquad (5.19)$$

在轴功率一定的条件下,发动机的功率重量比越大,发动机本身的重量越轻。显然,增大发动功率重量比,对提高直升机的飞行速度、升限或加大航程、增加载重量等都有重要意义。目前,功率重量比的大小在 4.5~15kW/kg 范围内。

4. 单位迎面功率

在发动机功率相同的条件下,发动机的迎风面积越大,则飞行阻力越大,飞行速度会减小。在功率不同的情况下,衡量迎风面积的特征是用单位迎面功率作为标准的,即发动机的轴功率与其迎风面积的比值。设发动机最大截面面积为 A_{max},单位迎面功率为 N_a,则有

$$N_a = \frac{N_e}{A_{max}} \qquad (5.20)$$

目前,通用航空涡轴发动机的单位迎面功率在 0.0065~0.0045kW/mm² 范围内。

5. 燃料消耗量

发动机在单位时间内消耗的燃料重量,称为燃料消耗量,用符号 G_f 表示每

秒钟的燃料消耗量,用 G_h 表示每小时的燃料消耗量。功率相等的发动机,可用燃料消耗量来比较它们经济性的好坏,燃料消耗量越小,发动机经济性好。但功率不相等的发动机,就不能只从燃料消耗量来衡量它们的经济性,应用下面的指标来评定。

6. 燃料消耗率

同通用航空活塞发动机燃油消耗率,用 sfc 表示。

$$\text{sfc} = \frac{G_h}{N_e} \qquad (5.21)$$

目前,通用航空涡轴发动机的燃料消耗率,起飞状态在 $0.27 \sim 0.40 \text{kg}/(\text{kW} \cdot \text{h})$ 范围内,巡航状态在 $0.30 \sim 0.55 \text{kg}/(\text{kW} \cdot \text{h})$ 范围内。

表 5.1 为国内外主要涡轴发动机的部分性能参数。

表 5.1 国内外主要涡轴发动机部分性能参数

序号	国别	型号	功率/kW(hp)	燃料消耗率/(kg/(kW·h))((kg/(hP·h))	功率质量比/(kW/kg)(hp/kg)	空气流量/(kg/s)	总增压比	涡轮进口温度/K	压气机 轴压级数	压气机 离压级数	燃烧室类型	燃气发生器级数	自由涡轮级数
1	中国	WZ6	1130(1536)	0.390(0.287)	6.741(4.96)	6.17	5.86	1043	1	1	环形折流	2	2
2	中国	WZ8A	526(715)	0.355(0.260)	4.44(6.04)	2.475	7.88	1330	1	1	环形折流	2	1
3	法国	ArtousteⅢB	405(550)	0.462(0.340)	2.219(3.014)	4.5	5.2	1073	1	1	环形折流	3	—
4	法国	MakilalA	1240(1687)	0.305(0.225)	5.12(6.96)	5.5	10.4	1477	2	1	环形折流	2	2
5	加拿大	PT6T-6	1398(1875)	0.361(0.269)	4.787(6.24)	3.1	7.35	1355	3	1	环形回流	2	1
6	英国	RTM 322-01	1566(2130)	0.267(0.196)	7.5(10.2)	5.73	14.72	1480	3	1	环形回流	2	2
7	德国	MTM 385-R	903(1228)	0.292(0.215)	4.75(6.46)	3.41	11.16	1423	2	1	环形回流	1	2
8	美国	T700-GE-701A	1260(1715)	0.286(0.210)	6.54(8.9)	5.31	15	--	5	1	环形直流	2	2
9	美国	T800-LHT-800	895(1218)	0.280(0.206)	5.49(7.47)	3.17	—	—	—	2	环形回流	2	2

续表

序号	国别	型号	功率/kW (hp)	燃料消耗率/(kg/(kW·h))(kg/(hP·h))	功率质量比/(kW/kg)(hp/kg)	空气流量/(kg/s)	总增压比	涡轮进口温度/K	压气机轴压级数	压气机离压级数	燃烧室类型	燃气发生器级数	自由涡轮级数
10	俄罗斯	TB2-117A	1102.5 (1500)	0.374 (0.275)	3.34 (4.54)	8.1	6.6	1123	10	—	环形	2	2
11	俄罗斯	TB3-117MT	1454 (1970)	0.3226 (0.240)	5.5 (7.48)	8.75	9.45	975	10	—	环形	2	2

5.4 航空涡喷和涡扇发动机

在这里我们主要讨论推力和耗油率这两个比较直观的参数。

1. 推力

涡轮喷气发动机所产生的推力大小,取决于流过发动机的气体流量及对这些气体加速的大小。气体的流量大,或对气体的加速大都会使推力大。推力分为总推力和净推力两种,总推力是指当飞机静止时,发动机所产生的推力;而净推力是指飞机飞行时,发动机所产生的推力。

1) 飞行高度

飞行高度对推力的影响主要反映在空气密度上,进入发动机的空气流量取决于进气道的进口面积、发动机的转速和空气密度。当进气道面积不变,发动机转速不变时,就只取决于空气密度。空气密度受大气压力和温度的影响,大气压力升高,其密度就增大;而温度升高,密度则减小。当飞机飞行高度增加时,大气温度和压力都下降,温度下降使空气密度增加,而压力下降又使空气密度下降。但温度变化对大气密度的影响要小于大气压力下降对大气密度的影响,所以结果是飞行高度增加,大气密度下降。所以,飞行高度增加时,发动机所产生的推力下降。但是,当达到一定高度后(大约1097m),高度再增加,大气温度就不变了,即进入同温层。所以,这时只有大气压力这一个参数影响大气密度了,这样一来,没了温度下降对密度的补偿,空气密度随高度上升而下降得就更快了,推力也就下降得快了,如图5.3所示。现在的民用客机一般都在这一高度上巡航飞行。因为低于这一高度,空气密度大,对飞机的阻力也大,而高于此高度后,推力的下降就会很快。

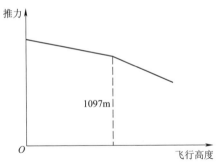

图 5.3　高度对发动机推力的影响

2）大气温度

大气温度会影响空气密度，如前所述，在同样的高度和转速下，大气温度升高会使发动机的进气量减少，从而使发动机的推力下降，图 5.4 为发动机推力与大气温度之间的关系。也就是说夏天和冬天大气温度不同，在相同的转速下，产生的推力就不同。所以，早期的涡轮喷气发动机，夏天起飞时，采用在压气机进口喷水的技术，来降低进气温度，增加发动机进气量，从而增加推力。

一般发动机厂家所给的发动机推力，都是修正到海平面高度、标准大气温度和压力下的值。

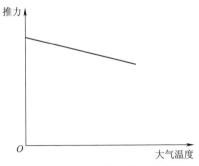

图 5.4　大气温度对发动机推力的影响

另外，现代涡轮风扇发动机一般还给出在海平面高度、静止状态下的最大额定平功率温度这一参数，此温度就是该发动机在海平面高度、静止状态下产生最大额定推力（额定起飞推力）时，所允许的最高外界温度。图 5.5 所示为某型号发动机的额定平功率（推力）曲线。

从图可见，环境温度在 35℃ 以内，该发动机能产生最大额定功率，超过此温度，则发动机的额定最大功率（推力）就要下降。在 35℃ 以内，温度升高，密度下降所造成的推力下降可通过增加发动机转速的方法来弥补。即增加发动机转速

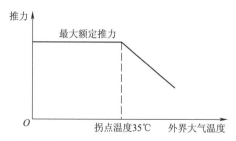

图 5.5　某型号发动机的额定平功率曲线

来弥补温度增加造成的进气量下降,这就要多供油,使涡轮进口的燃气温度升高。但此温度的升高要受到涡轮材料的限制,即升高到一定值后,就不能再升高了,否则,涡轮就不能承受了。当供油不能再增加时,推力就只能下降了。此温度就是额定平功率温度,有时也称拐点温度。当然,其他因素如飞行速度、空气湿度等也会影响推力,这里就不做详细讨论了。

2. 耗油率

耗油量是个经济指标,人们都希望发动机功率大,但烧油少。一般用耗油率(specific fuel consumption,SFC)来衡量不同发动机之间的燃油消耗量,即发动机产生单位推力(如每千克推力或每牛顿推力)在单位时间内(每小时)所消耗的燃油量(kg),其单位为 kg/(N·h)。现代大型涡轮风扇发动机的燃油消耗率都比较低。大气温度、飞行度、飞行速度等都对发动机的耗油量有影响。对民用飞机来说,SFC 是个很关键的因素,因为燃油费用占飞机运行费用的 15%~25%。尤其是燃油价格在不断攀升,所以,发动机厂商都在致力于不断降低发动机的燃油消耗量。对于涡轮喷气发动机来说,压气机的增压比和燃烧室的出口温度是影响 SFC 的两个关键参数。对于涡轮风扇发动机来说,SFC 的影响因素还有涵道比和风扇增压比。

5.5　航空活塞发动机与通用航空涡轴发动机性能差异

1. 通用航空活塞发动机理论研究更加成熟、完善

从 1903 年 2 月 17 日美国人莱特兄弟成功驾驶"飞行者"1 号飞上天,即航空活塞发动机诞生,航空活塞发动机一直在航空事业上发挥着不可估量的作用,并且一直在研究与改进。

第一架飞机所用的发动机是一台四缸、直列式水冷的活塞发动机。它的质

量约 77kg,发出的功率却只有 8.948kW,所以它的"质量功率比"约 8.6kg/kW。

第一次世界大战期间,活塞发动机的功率增加到 82~268kW。质量功率比降到大约 1.34kg/kW。其中有一种气缸能够旋转的发动机的功率超过了 149kW,质量功率比低于 1.2kg/kW。

第一次世界大战后,活塞发动机继续发展,质量功率比和耗油率都有所改进。气冷式得到较广的应用。这种发动机上采取了减少阻力和改进冷却效果的措施。于是出现了双排星型发动机。同时,还采用了废气涡轮增压器和变距螺旋桨。因而在第二次世界大战的前夕,活塞航空发动机的功率增加到 597~746kW,质量功率比则降低到约 0.67kg/kW。

在第二次世界大战期间,主要飞机都装航空活塞发动机。经过这次大战,航空活塞发动机的功率和生产量都达到了历史上最高水平。质量功率比下降到低于 0.67kg/kW。耗油率也从 0.5kg/(kW·h) 降低到 0.23~0.27kg/(kW·h)。发动机的产量也大大增加,有的国家一年要生产几十万台。第二次世界大战后,某些大型的活塞发动机的功率超过 2600kW,曲轴的转速约为 2600~3400r/min。

几十年来通用航空活塞发动机的质量功率比从 8.58kg/kW 降低到大约 0.54kg/kW。每台发动机的气缸数为 2~28 或更多。它的构造设计也颇为成熟,工作可靠,翻修寿命增大。20 世纪 20 年代翻修寿命只有 200h,30 年代提高到 500h,目前已增加到 2000~3000h 才大修一次。

而对于通用航空涡轴发动机,从 20 世纪 50 年代美国 Kaman 飞机公司推出了世界上第一架以涡轮轴发动机作为动力装置的 K-225 直升机开始,涡轴发动机成功驱动直升机飞行,因其独特的优点引人注目。70 年来,通用航空涡轴发动机也在不断地改进创新,更新换代,共发展四代,即 50 年代投产的称为第一代,60 年代投产的称为第二代,70 年代末、80 年代初投产的称为第三代,90 年代投产使用的称为第四代。但在很多方面如材料、构造、燃气涡轮加速性差等还有技术上的缺陷。比如在减速器方面,我们都知道,通用航空涡轴发动机是以空气为做功工质的燃气涡轮发动机的一种。发动机在工作时,空气经过进气道、压气机后和燃油混合,并在燃烧室里燃烧,燃烧后的高温、高压燃气膨胀做功,带动后面的涡轮与自由涡轮旋转。自由涡轮通过减速器和功率输出轴向外输出功率,从而带动旋翼旋转。其中的减速器必不可少,因为高温、高压燃气流过动力涡轮时,把大部分焓都转变为了机械功,使得动力涡轮高速旋转,传动旋翼转速比差距太大,这也造成了减速器大而且复杂,有的通用航空涡轴发动机减速器重量高达总重的 1/3。而且发动机在工作时,周围介质如空气中的灰尘、湿度、温度对其工作的影响较大。这些都需要在以后的设计研究中一一克服。因此,可以说通用航空活塞发动机理论研究比通用航空涡轴发动机更加成熟、完善。

2. 通用航空活塞发动机设计制造经验丰富、便捷

通用航空活塞发动机发展至今,已经有一百多年的历史了,就是简单的时间的累积,也使活塞发动机在制造上、使用上都优于涡轴发动机。具体来讲,装有活塞式发动机的通用航空直升机,它向前的拉力是由发动机带动的旋翼产生的,所以飞机的推进器是旋翼,而发动机加上旋翼就组成了直升机的动力装置。其中通用航空活塞发动机主要组成件包括气缸、活塞、连杆、曲轴、气门机构、机匣等。在设计制造中,因为气缸是混合气进行燃烧,并将燃烧后的热能转变为机械能的地方,同时还引导活塞的运动,所以气缸比起其他部件要有足够的强度及良好的散热性能,此外还要求气缸的重量要轻。为了满足这些要求,气缸一般都由气缸头和气缸身两部分组成。气缸身由合金钢制成,以确保其强度,气缸头则由导热性较好且重量较轻的铝合金制成。相对地,其他部件的设计要求则低一点。而对于通用航空涡轴发动机,它主要机件有进气道、压气机、燃烧室、燃气发生器涡轮、自由涡轮和排气管等。因为几乎从压气机开始,气体就开始加压升温,发动机里面的涡轮转子转速也相当高,而且,涡轴发动机属于小型燃气涡轮发动机类,空气流量、尺寸较小,在研制中所需的工艺设备、锻铸件毛坯更加精细。因此,在设计制造上,涡轴发动机就比活塞发动机更难,费用更高,对材料的要求更苛刻。特别是它需要一个又重又大的减速齿轮系统,有时它的重量占发动机总重量的30%以上,对于外廓尺寸小的通用航空涡轴发动机来说,其生产难度比通用航空活塞发动机高几十倍不止。

表5.2、表5.3为初教6飞机上的活塞6甲发动机和直11民用单发直升机上的WZ8D涡轴发动机的部分组成件的材料对比。从表中能清楚地看到,通用航空涡轴发动机所需的工艺设备、锻铸件毛坯更加精细,要求更高,制造更加精密困难。因此,通用航空活塞发动机比起通用航空涡轴发动机,其设计制造经验丰富,更加便捷。

表5.2 活塞6甲部分组成件材料

组成件	材料
减速器机匣	镁合金铸件
曲轴止推轴承前盖	镁合金铸件
中机匣	铝合金铸件
气缸	钢质的气缸筒和铝合金的气缸头
进气管	无缝铝管
活塞销	镍铬钨钢
活塞涨圈	铸造合金
连杆	镍铬钢锻件
曲轴	高强度镍铬钼合金钢

表 5.3　WZ8D 部分组成件材料

组成件	材　　料
压气机轴流叶轮和离心叶轮	TC4 钛合金锻件经数控切削而成
燃烧室火焰筒	钴基 GH188 和镍基 GH625 合金板材焊接而成
燃气发生器转子第一级叶片	镍基 DZ22 合金精铸件
燃气发生器转子第二级叶片	仿 NK15CATD 精铸毛坯制成
自由涡轮转子叶片	仿 NC13ADbc 合金精铸
减速器机匣	耐高温的铸铝合金毛坯制成
减速齿轮	仿 E16NCD13 锻件

3. 通用航空活塞发动机燃油消耗率低

燃油消耗率是评定通用航空发动机经济性的一个重要指标。前面提过,通用航空活塞发动机燃油消耗率是指发动机产生 1kW 有效功率,在 1h 内所消耗的燃油质量,称为有效燃油消耗率,简称燃油消耗率。为了降低燃油消耗率,我们提高有效功率。活塞发动机在工作时,在气缸中,伴随活塞的往复运动,使气缸中的新鲜油气混合物点燃放热,变为高温、高压燃气,并推动活塞做功,从而连续不断地进行能量转换。发动机中的能量转换过程分为两步完成:第一步,通过燃烧将油气混合物蕴藏的化学能转变为燃气的热能;第二步,通过活塞运动将热能转换成为活塞的移动动能,继而通过连杆将活塞的移动动能转换为曲轴的转动动能,从而,带动螺旋桨旋转做功。移动动能和转动动能是机械能的不同形式,活塞的移动动能转换成曲轴的转动动能是两种不同机械能之间的转换。在这些复杂的能量转换过程中,便伴随着大量的能量消耗,最终剩下的才是有效功率。其中,吸气式发动机燃油消耗率一般为 $0.28\sim0.31\mathrm{kg/(kW\cdot h)}$。增压式发动机燃油消耗率一般为 $0.35\sim0.43\mathrm{kg/(kW\cdot h)}$。

通用航空涡轴发动机的燃油消耗率等于燃料消耗量与发动机轴功率的比值,其中轴功率是功率输出轴上的功率,轴功率越大,提供给直升机的动力越大。前面已经介绍过,通用航空涡轴发动机燃油消耗率,起飞状态在 $0.27\sim0.40\mathrm{kg/(kW\cdot h)}$ 范围,巡航状态在 $0.30\sim0.55\mathrm{kg/(kW\cdot h)}$ 范围内。因此,可以看出,通用航空活塞发动机的燃油消耗率比通用航空涡轴发动机低。图 5.6 为通用航空各类型发动机的飞行器的平均耗油量,从中更直接地反映了通用航空活塞发动机的耗油量比通用航空涡轴发动机低。

4. 通用航空涡轴发动机功率重量比大

目前全世界在通航类直升机上使用的涡轴发动机有五十余种型号,轴

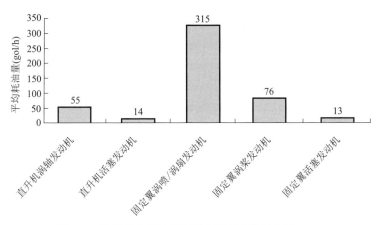

图 5.6 通用航空类飞机平均耗油量(数据来源 FAA)

功率一般在 250～6000kW(350～8000hp)范围内,其中 2000kW(3000hp)级以上的大、中型涡轴发动机基本只有美国、俄罗斯研制生产,在起飞质量人于 15t 的运输型直升机上使用,如美国的 T55 系列(3300kW、4500hp)、T701-AD-100 型(5800kW、(8000hp))、俄罗斯的 D-25V 系列(4043kW、(5500hp));数量占 75%以上,起飞质量在 9t 以下的通航直升机,则装用 2000kW(3000hp)级以下的中、小型涡轮轴发动机。功率最大的俄罗斯Д—13 涡轴发动机,其功率可达 8388kW(11400hp),远远超过活塞式发动机。而且通用航空涡轴发动机的质量还较小,因而质量功率比大。如 500～600kW 级的涡轴发动机,质量功率比几乎比活塞发动机高 2 倍多。另外,通用航空涡轴发动机的冷却系统不像活塞发动机专门的冷却系统那么复杂,因而消耗于发动机冷却上的功率低。从活塞发动机看,要增大功率力以克服剧增的激波阻力,必然要增加气缸的数目或加大气缸的容积,而这都是有限的。即使能够增加,也要带来质量和体积急剧增长的问题。例如要使一架总重约四五吨单活塞发动机的战斗机,由 650km/h 的速度提高到 1000km/h,它所需要的功率大约要增加 6 倍即应增加到不少于 6000～7500kW。而这样大功率的活塞发动机和螺旋桨组本身的质量就有五六吨,同时体积也增加得很大,显然飞机装上它是无法飞行的。因此,在设计制造通用航空活塞发动机时,其质量、体积与功率必定是有个平衡的,其功率必定不能太高。

表 5.4 为通用航空活塞发动机与通用航空涡轴发动机部分参数对比图。从表中也能看出,当通用航空活塞发动机与通用航空涡轴发动机质量一定时,涡轮轴发动机的功率是活塞发动机的 6～7 倍,而且转速也要高约 10 倍。

表 5.4 通用航空活塞发动机与通用涡轴发动机部分参数对比

序号	类型	公司	型号	质量/kg	功率/kW	转速/(r/min)	质量功率比/(kW/kg)
1	活塞	特里达因	TSIO-360-GB-C/D	136	168	2800	1.235
1	涡轴	莱康明	T-800-APW-800	135	895	—	6.630
2	活塞	莱康明	IO-520-D	208.2	224	2850	1.076
2	涡轴	RR TM	RTM322-01	209	1566	20400	7.493
3	活塞	特里达因	TSIO-520-T	193	231	2700	1.197
3	涡轴	GE	T700-GE-701A	194	1260		6.495

5. 通用航空涡轴发动机工作平稳,振动、噪声较小

通用航空发动机的工作稳定性和振动、噪声大小是性能水平的重要指标。航空发动机工作稳定与否,直接影响着飞行的安全。飞机不像汽车,行驶过程中有故障,能立即停下来排除故障。如果发动机工作不稳定,在飞行过程中出现事故,那么几乎就将面临机毁人亡的结果。另外,振动与噪声关系到飞机座舱舒适性,也关系到其对周围环境的影响。如前所述,通用航空涡轴发动机工作时,空气以一定轴向速度经进气道进入压气机,与燃料混合形成混合气并进行不断地燃烧。燃烧后的高温、高压燃气流过涡轮时膨胀做功,将燃气的一部分焓转变为机械功,推动涡轮转动,由涡轮带动压气机和附件工作。燃气从涡轮流出后,到自由涡轮做功,自由涡轮旋转,并通过减速器和功率输出轴向外输出功率,从而带动旋翼转动。其中的噪声来源是燃气涡轮、压气机及排气流,而排气流则是主要声源,发生于排气流同介质混合形成激烈紊流脉动之中;振动来源是发动机的旋转部件,如压气机、涡轮、自由涡轮转子,因为这些旋转部件转动的速度高达数万转,而每分钟数万转(30000~50000r/min)转子的精确平衡是非常困难的。

而通用航空活塞发动机大多是四冲程的发动机,即活塞在气缸内要经过四个冲程。首先是进气冲程,气缸头上的进气门打开,排气门关闭,活塞从上死点向下滑动到下死点为止,气缸内的容积逐渐增大,新鲜的汽油和空气组成的混合气体通过进气门进入气缸内。然后是压缩冲程,这时曲轴靠惯性作用继续旋转,把活塞由下死点向上推动,这时进气门也同排气门一样严密关闭,气缸内容积逐渐减小,混合气体受到活塞的强烈压缩,当活塞运动到上死点时,混合气体被压缩在上死点和气缸头之间的小空间内,这个小空间就是燃烧室。其次是做功冲程,也是第三个冲程,在压缩冲程快结束时,活塞接近上死点时,气缸头上的火花塞通过高压电产生了电火花,将混合气体点燃,燃烧时间很短,但速度很快,气体猛烈膨胀,压强急剧增高,活塞在燃气强大压力作用下向下死点迅速运动,推动连杆做直线运动,连杆便带动曲轴转起来。最后是排气冲程,工作冲程结束后,由于惯性,曲轴继续旋转,使活塞由下死点向上运动,这时进气门仍旧关闭,而排气门大开,燃烧后的废气便通过排气门向外排出,然后排气门关闭,进气门打开,活塞又由上死点下行,开始了新循环。活塞就是这样在气缸内做往复直线运动,不断重复进气冲程、压缩冲程、膨胀冲程和排气冲程,以此来连续不断地将燃料的热能转变为机械能,并带动曲轴连续不断地旋转。并且这种往复机械运动完成时间短,其中的能量转换剧烈,其工作的振动水平和噪声更是成倍地增加,其工作稳定性也大大地降低。因此,虽然通用航空涡轴发动机的燃气在动力涡轮内膨胀做功,带动动力涡轮高速旋转时有振动,有噪声,但是比起通用航空活塞发动机的活塞在气缸内往复循环做功来说,工作要稳定很多,而且振动也要小很多,噪声也要低很多。不仅如此,从第三代涡轴发动机开始,都采用先进的挤压油膜技术来减小发动机振动,减震效果可达60%以上,可避免超临界工作,除此之外,还采用吸音结构(如蜂窝内层机匣),使第三代涡轴发动机振动更小,噪声更低。

6. 通用航空涡轴发动机结构紧凑外廓尺寸小

通用航空涡轴发动机是从第二次世界大战发展到今天的,与通用航空活塞发动机相比,可以称为"年轻"的发动机,是航空科技高速发展的产物。通用航空涡轴发动机性能提升迅速,采用的技术相对先进,结构也越来越完善,越来越简单。通用航空涡轴发动机在设计制造时便融合了使用性和维修性的特点,而且它的主要机件层次分明,采用了单元体设计。就第三代通用航空涡轴发动机与第一代、第二代发动机相比,不但零件数目减少,而且结构上也有了很大的更新,例如,美国的第一代通用航空涡轴发动机T58有6600个零件,第二代产品T64发动机有10000多个零件,而20世纪70年代末80年代初投入使用的第三代产品T700发动机只有4500个零件、4个单元体,不但零件数目少,而且在结构上采取了单元体设计的新方法,一台T700发动机仅仅只有4个单元体,最多的"宝石"发动机也只有7个单元体。单元体是指在最少的时间内可以整体更换下来的部件,采用单元体结构,使维修更为方便,便于安装和拆卸,就是在飞机上也能更换单元体,在外场只需要简单的支架,以及普通的和少量的工具,两个人在0.5h内就可将几个单元体装成完整的发动机,大概20min就可以将一台发动机拆成几个独立的单元体,更换一个单元体约10min。例如,在外场有一定条件下,分解一台"阿赫耶"涡轴发动机为5个单元体只需要18min,组装也只需要24min。而活塞发动机为了增加功率,就必须增加气缸数目或者气缸尺寸。而通用航空活塞发动机在结构上一般都没有涡轴发动机那样紧凑、简单,在质量上也相对重一些。这也导致装有活塞发动机的通用航空直升机的气动性能没有装有涡轴发动机的通用航空直升机好。

表5.5为通用航空活塞发动机与小型涡轴发动机的外廓尺寸参数的对比,从表中能清楚地看到,当涡轴发动机的输出功率与活塞发动的功率相近时或略大于时,涡轴发动机的外廓尺寸比活塞发动机的外廓尺寸小很多。而且前面也已经提到,如果随着功率的增大,通用航空活塞发动机的质量、体积会大幅度增加,而通用航空涡轴发动机却不会。因此,随着功率的增加,涡轴发动机与活塞发动机的质量、体积的差距会更大,这也大大地提高了通用航空涡轴发动机的适用性。

表5.5 通用航空活塞发动机与小型涡轴发动机外廓尺寸对比

序号	类型	公司	型号	功率/kW	长/mm	宽/mm	高/mm
1	活塞	莱康明	IO-720-A	298	1179	870	573
2	活塞	特里达因	TIGO-541-E	317	1462	885	575
3	活塞	莱康明	TIO-541-E	283	1282	905	640
4	涡轴	Allison	Allison-250-C20B	309	1046	483	589
5	涡轴	TM	TM319	340	782	360	540
6	涡轴	南方动力公司	WZ8A	526	1166.25	465.5	609
7	涡轴	TM	Arriel 1D	510	1256.25	486.5	609

7. 通用航空涡轴发动机航空燃油更经济

通用航空活塞发动机与通用航空涡轴发动机在使用的航空燃油方面也有很大的差距。通用航空活塞发动机使用的是航空汽油。航空汽油是石油的直馏产品和二次加工产品与各种添加剂混合而成的。其主要性能指标是辛烷值和品度值。航空汽油的辛烷值是指与这种汽油的抗爆性相当的标准燃料中所含异辛烷的百分数。它表示航空汽油的抗爆性能,即在发动机中无爆震的能力。为提高辛烷值,可往汽油中加入含有抗爆剂(如四乙基铅)的乙基液。品度值指的是以富油混合气工作时发出的最大功率(超过这一功率便出现爆震)与工业异辛烷所发出的最大功率之比。而且航空汽油蒸发性能好、易燃、性质稳定、结晶点低和不腐蚀发动机零件,抗爆性能高,具有足够低的结晶点(-60℃以下)和较高的发热值。因此,对与不停做往复运动的通用航空活塞发动机来说,航空汽油是最好的选择。其中,航空汽油有几种牌号:一种为95号(95/130,即汽油—空气贫混合物在巡航条件下的马达法辛烷值为95MON,汽油—空气富混合物在起飞时的品度值为130),其中含有四乙基铅,主要用于有增压器的大型通用航空活塞式发动机上;另一种为75号,水白色(马达法辛烷值为75MON),无铅汽油,主要用于无增压器的小型通用航空活塞发动机上。而航空煤油是通用航空涡轴发动机广泛使用的燃料。航空煤油别名3号喷气燃料,其特点是密度适宜,热值高,燃烧性能好,能迅速、稳定、连续、完全燃烧,且燃烧区域小,积炭量少,不易结焦;低温流动性好,能满足寒冷低温地区和高空飞行对油品流动性的要求,所以广泛用于航空涡轮发动机的燃料。对于航空涡轮发动机,航空汽油太易挥发,太易燃烧,如果用燃油喷嘴将航空汽油喷射进燃烧室,会很不安全;航空柴油则因为黏度太大,在涡轮发动机里不适合,因为是要靠很细小的喷嘴把燃料喷成雾状的,才能跟高压空气充分混合,产生猛烈燃烧。而对于航空煤油来说,航空汽油价格高,易挥发,经济性和储存性都没有航空煤油好。因此,可以说通用航空涡轴发动机的航空燃油更经济,大大提高了通用航空涡轴发动机的经济性。

参考文献

[1] 耿建华,王霞,谢钧,等.通用航空概论[M].北京:航空工业出版社,2007.
[2] 丁发军,闫峰.航空活塞发动机工程技术管理[M].成都:西南交通大学出版社,2014.
[3] 张伟.航空发动机[M].北京:航空工业出版社,2008.
[4] 胡问鸣.通用飞机[M].北京:航空工业出版社,2008.
[5] 唐庆如.活塞发动机:ME-PA、PH[M].北京:兵器工程出版社,2007.
[6] 李卫东,赵廷渝.航空活塞动力装置[M].成都:西南交通大学出版社,2004.
[7] 倪先平.未来直升机技术发展展望[J].北京:航空制造技术,2008(3):32-37.
[8] 刘大响,陈光.航空发动机——飞机的心脏[M].北京:航空工业出版社,2003.
[9] 施永立.世界直升机手册[M].北京:航空工业出版社,2014.
[10] 邓明.航空燃气涡轮发动机原理与构造[M].北京:国防工业出版社,2008.
[11] 赵洪利.现代民用航空燃气涡轮发动机[M].北京:中国民航出版社,2010.
[12] 王云.航空发动机原理[M].北京:北京航空航天大学出版社,2009.
[13] 李汝辉,吴一黄.活塞式航空动力装置[M].北京:北京航空航天大学出版社,2008.
[14] 王霞,陈兆鹏,韩莎莎.通用航空的基石——RBO[M].北京:航空工业出版社,2014.
[15] 吴大观.航空发动机研制工作论文集[M].北京:航空工业出版社,2009.

[16] 侯志兴. 世界航空发动机手册[M]. 北京:航空工业出版社,2007.
[17] 廉筱纯,吴虎. 航空发动机原理[M]. 西安:西北工业大学出版社,2005.
[18] 詹姆士·圣·彼得. 美国飞机燃气涡轮发动机发展史[M]. 张健,等译.北京:航空工业出版社,2016.
[19] 刘大响. 航空燃气涡轮发动机稳定性设计与评定技术[M]. 北京:航空工业出版社,2004.
[20] 陈光,洪杰,马艳红. 航空燃气涡轮发动机结构[M]. 北京:北京航空航天大学出版社,2010.
[21] 赵洪利. 现代民用航空燃气涡轮发动机[M]. 北京:中国民航出版社,2010.
[22] 蒋陵平,赵斌,赵从棉. 燃气涡轮发动机:ME-TA、TH[M]. 2版.北京:清华大学出版社,2016.
[23] 许春生. 燃气涡轮发动机:ME-TA、TH[M]. 北京:兵器工业出版社,2008.
[24] 孟平,酋格明. 通用航空飞机手册及选购指南[M]. 北京:航空工业出版社,2007.
[25] 宗苏宁. 中国通用航空产业发展现实与思考[M]. 北京:航空工业出版社,2014.